U0094894

向川普學談判

談判不是你輸我贏，而是要共贏！

Trump-Style Negotiation:
Powerful Strategies and Tactics for Mastering Every Deal

喬治．羅斯（George H. Ross）◎著
卞娜娜◎譯

高寶書版集團

獻給愛妻比莉

她是助我展翅高飛的風
過去如此、現在如此、未來也將如此

〔推薦序〕
看傳奇人物如何談判

劉必榮

第一次看到這本《向川普學談判》，是前年我在馬來西亞上談判課的時候。當時在吉隆坡一個外文書店，看到書架上堆著好幾落《向川普學談判》。一時好奇，買了本來看，沒想到一看就闔不起來了。

就這樣，在回程的飛機上一路看回台北。這本書不但好看、實用，而且英文簡單，很容易閱讀。所以回來後我就跟幾家出版社建議，應該把這本書簽下來，譯成中文以饗讀者。結果發現高寶早就簽下來了，眼光之準讓我很驚喜。現在書也譯出來了，展讀之餘，我發現譯者的文筆相當流暢，讓我讀中文有和讀原文一樣的快感，這是相當難能可貴的。

這本書吸引我的地方，是作者在書中展現的「誠懇」。

平常我們想到川普，第一個印象就是他是億萬富翁，跌倒過又爬起來的傳奇人物。一九八六年我剛回台灣教書的時候，川普正紅，川普大樓剛蓋沒多久（我在美國讀書時，曾於一九八四年到紐約遊玩，紐約的學弟還拉著我登上川普大樓，附近人聲鼎沸，車水馬龍，還真盛況空前），所以市面上就有關於川普傳奇致富的中文翻譯書。後來川普垮了，好一陣子關於他的書，在書肆就找不到了。這幾年他東山再起，於是寫他的書又出現了，這還真反映出社會的現實面。這樣的人物，一定很冷酷，不一定是奸商，但肯定像兀鷹一樣目光銳利，穩準狠冷。他的律師也應該是這樣的人。

誰知並不是。書中呈現的是一種溫馨，有談判者的機智，但也充滿了人情味。我最欣賞的，是作者強調一個學了談判的人，表現出來的必須是一個「達成協議的人」（deal maker），而不是「破壞協議的人」（deal breaker）。這也是我後來上談判課，經常向學生引用的書中的話。

理想中，你學了談判後，出現在談判桌上時，對方應該很高興才對。因為你來了，你知道該怎麼給一點、得一點（give and take），而不是贏者通吃，這樣談判就有希望達成了。你是那種「即之也溫」，一團和氣的可敬對手。

反過來，如果你自以為學了談判，走起路來虎虎生風、充滿殺氣，你一出現對方避之唯恐不及，這樣的談判就完全學錯了。

作者在第一章就舉了川普和坎德爾談川普大樓的案子。當時坎德爾很坦白地告訴川普，他想為兒孫留下一筆可以長期收現的資產，而不是一大筆現金。川普對坎德爾的坦誠以對表示尊重，於是說：「我原本沒這個打算的，但是如果你想要這樣做，這會讓你開心，那就這麼辦吧。」這句話講得多好。

川普告訴律師（就是本書作者羅斯）說：「請你跟李奧（坎德爾的名字）敲定細節。我要你擬一份充分保護李奧的權益，同時足以提供川普大樓成功所需的租約。」這句話也讓對手坎德爾相當動容，結果他竟然也委託羅斯，而不是他自己的律師，來擬定租約。這在談判中是很少見的狀況！也就是這種互信的氛圍與雙贏的結局，讓我很感動。

同樣的互信也存在川普和羅斯之間。在第三章中，羅斯講了一個故事。他說有一次他談妥了一個複雜的租約，厚達一百多頁。當他拿給川普簽字時，川普只問了一句：「租金多少？」就在羅斯指的地方簽了名，一百多頁的文字翻都沒翻一下。

羅斯說：「他只想知道會收到多少租金。他知道——而且深信不疑——租約裡如果有其他重要的事，我一定會告訴他。他確信像我這樣的人一定會保護他的利益，也知道我會在適當的時限內完成所託。我知道他絕對不會因為文件裡遺漏或出現的小事項批評我。關鍵在於，他知道如果有他必須知情的重要事情，我一定會跟他討論。」

這是多難得的君臣知遇啊！看到這段，我終於知道川普之所以為川普的原因了。

第二章裡有個例子也很精采，羅斯講到明尼蘇達有一個想賣「川普冰」的經銷商，如何讓他感動，而取得經銷權。經銷商給了羅斯一個驚喜：讓羅斯穿著有他自己幸運號碼的球衣，在明尼蘇達棒球隊雙城隊的主場開球！當這位七十六歲的老律師在萬千球迷歡呼下，丟出一個好球的時候，你可以想見那種 high！

羅斯被經銷商的創意折服，經銷商也成功拿到當地川普冰的專屬經銷權。這個案例也看得我拍案叫絕。它反映了美國的運動文化，也點出了一個談判的精要：要說服像川普這樣見過大風大浪的人，靠的就是創意，而且要比快。因為它只能用一次，第二個人再用這招就沒效了。

作者在書中也指出了幾個談判常犯的錯誤，這幾個部分也相當實用。比如作者說，我們常常以為「我知道的事情，對方也知道」，但這個預設是錯誤的。我很同意。因為對方充其量只會有一些「假設」，他假設我有時間壓力，假設我必須在什麼時間之前達成協議，然後一一檢驗。但他不一定有把握。如果我自己認為他已經知道我有時間壓力了，我就會把自己想得很弱，結果反而陷入困境。

根據談判理論，談判有一個要素，那就是「不完美的資訊」。沒有人能做到百分之百的「知彼知己」，所以學者才會把談判過程稱為「控制之下的資訊流動」（controlled information flow）。對照羅斯的實務經驗，當有更多的啟示。

這裡也必須談一下談判的速度。孫子兵法說：「兵貴拙速。」就是寧可「拙」而「速」，也不要「巧」而「久」。這是叫你快。但是兵法也說：「徐如林。」又要你慢得像一片樹林一樣，看不見它的移動。那到底該快還是該慢呢？

其實這是戰略和戰術不同的層次。羅斯在書中就提醒讀者，不要急功好利，一下子就達成協議。慢一點，用一些技巧去控制談判的步伐。不要馬上接受對方開出來的條件，偶爾表現出一些猶豫不決，讓對方花在談判上的時間愈多，愈捨不得破裂，我們達成的協議就會愈好。

不過這當然有一個前提，那就是我們為自己預留的談判時間夠多，否則我自己都撐不下去，哪有時間去「焖」對方？

像這樣的談判技巧，作者列舉了相當多，在第十七章還有六大戰略的整理。讀者慢慢看，應當會有自己的體會。而且我建議，不要一下子急著看完，看一看，想一想，隔一陣子再翻出來看，因著談判經驗的累積，會有不同感受的。

川普和他的律師都是傳奇人物，看看傳奇人物的平常做法，有驚嘆，有驚喜，有戚戚。你會跟我一樣，喜歡上這本書的。

（作者為東吳大學政治系教授，台北談判研究發展協會理事長，和風談判學院主持人）

目錄｜Contents

川普的話

我在一九七〇年代初遇喬治・羅斯。當年我二十七歲，剛剛發動了畢生第一次的房地產突襲，進軍曼哈頓。

當時，喬治已經是紐約某專攻房地產業務的大法律事務所的資深合夥律師。我想談成的那筆交易類型很特殊，過去從來沒有人進行過，但喬治卻能立即明白它的複雜度，給我留下了好印象。當時的情況是，除非各方都願意在我的協商下做出重大讓步，否則那個案子就會破局。

那是個複雜的飯店個案——緊鄰紐約中央車站，原為鐵路公司所有並已宣告破產，後來是我讓它搖身變成君悅大飯店的。我必須和鐵路公司、紐約市政府、紐約州政府，各銀行等眾多對象協商，而且根本沒有人認為這個案子談得成。喬治在這些領域沒有直接經驗，但他似乎知道如何化零為整，實現我的目標。交易必須言明我不支付房地產稅或租金（獲利的部分除外）。然而，一九七〇年代的紐約市政府正瀕臨破產——強制執行屢見不鮮。在當時，將破舊不堪的建築物打造成頂級飯店並營運的構想，用最客氣的說法來形容，還真是項挑戰。事實上，我們鍥而不捨談判了整整兩年，才完全敲定這個案子。要是沒有喬治的談判專長，這樁交易不知道會失敗多少次；但案子最後不但談成了，我的事業也從此平步青雲。

我喜歡把自己看成一個不受框框拘束、雖萬人吾往矣的人。但那兩年的經驗讓我知道光有願景是不夠的，身邊還得有個專家顧問才行。這個人對你的想法瞭若指掌，兼具執行力和精明頭腦，還能代表你上談判桌。喬治是房地產法律事務的第一把交椅，但更重要的是，他還是個精明的生意人和談判者（這樣的律師有如鳳毛麟角）。跨領域長才就是他的特別之處。

我做事喜歡把眼光放遠、格局拉大，不著重細節。細節部分，我幾乎全數委由喬治處理，他能將我的遠景化成具體的條文。他是天生的談判好手：他面對手上的任何一場談判，都很清楚該怎麼進行、對方缺什麼、需要什麼，以及如何達成使命。各位能讀到這本書，並擷取我付出高薪從喬治身上學得的談判智慧，真是太有福氣了！

唐納・川普

前言
「川普式談判」的策略性思考

過去三十年和川普共事的經驗，讓我學到了他做生意的關鍵因素：他非常懂得如何和另一方建立關係。他洞悉商場中的人性。我的角色是就交易進行談判；我的長處在此。川普有遠見，細節則交給我處理。一路走來，我倆相輔相成。

參與《誰是接班人》（The Apprentice）節目讓我聲名大噪，但在此之前，我已和川普共事多年，身兼他的顧問、談判左右手，以及律師。我目睹他運籌帷幄、完成多項重大計畫。包括川普大樓、通用大樓、君悅飯店、華爾街四十號在內的幾宗史上最大的不動產投資案，我也參與了許多次的談判。各位可以想見，這段時間的歷練使我累積了大量的談判經驗，無論就其深度或廣度而言，都不是我人生前三十年的協商經驗所能比擬的——雖然我也曾協助其他開發商談判包括克萊斯勒大廈、聖瑞吉斯飯店等大型不動產個案。

川普和我找到了一個做生意的簡單方法。我們第一次合作房地產生意時，他就知道我是那種使命必達的夥伴，於是他開始讓我接手其他案子。我們的合作模式是，如果我需要他的介入，他就出面，通常是藉助他在人際關係上的技巧，說服對方按照我方計畫行事；否則，川普都讓我視個案情況自由發揮。他給了我獨一無二的揮灑空間，讓我得以在處理法務工作的同時進行商業談判。這對律師而言是極不尋常的，因為大多數律師沒有豐富的直接商務經驗。這套方法的效果很好，即使在有外部律師協助的常態之下，我們仍然奉行不渝。

五十年累積的談判戰術和方法

在本書中，我將和各位分享我在過去五十年發展出來的各項談判戰術和方法。我稱之為「川普式談判」，是因為它和川普的很多策略密不可分，但這其中也包括了我過去代表紐約房地產大亨談判——或和他們隔著一張桌子談判——時所習得的寶貴課程。**川普策略的應用範圍很廣，從買車、跟老闆談加薪、買賣小型的不動產投資標的，到替摩天大樓找金援等各種交易，都能派得上用場。**

川普策略的主要原則是充分發揮個人所長，自己不擅長的部分則委交他人。川普有一個組織力極強的腦子，能以一般人無法迄及的創意解決問題，就連複雜的問題都能迎刃而解。他也知道如何找出對方欠缺和需要的東西，並能指出到達最終結果的途徑，使結果符合他的構想。所以他的遠見與組織是他成功的關鍵。川普重視大方向勝於細節。他不是那種會想要花三天逐段詳讀一份冗長租約的人。這就是我跟他互補的地方。我將於本書跟各位分享川普式談判的諸多策略，但各位也必須懂得在適當的時機授權，讓專家參與、提供協助。

十年完成七百零二筆房地產交易

我在開始法律生涯三年內，就成為房地產法規的技術人員暨專家，擅長撰寫合約書和各類文件。我將在本書談到，參加談判之前先把所有表格和法律文件準備妥當將帶來多大的好處，就算這些表格和文件得自己擬。因為存在於談判中的表格和文件會變成「官方」版本——即便這種東西根本不存在。只要將談判的相關文件預備好，你就能得到心理優勢，因為表格一旦存在，對方就比較不容易提出變更。

在加入川普之前，我是房地產律師，事業做得相當成功。最後，我去找老闆，跟他說我想當律師事務所的合夥人。他對我說：「我們不培養合夥人。」所以我就離職了（不過是以優渥的條件離職的）。一九五六到一九六六年間，我替索爾．葛德曼（Sol Goldman）與小艾立克斯．迪羅倫佐（Alex DiLorenzo Jr.）工作，他們後來成了紐約市的房地產大王。我個人代表他們購買了七百零二筆房地產，十年下來平均每週都做不只一筆生意。親身經歷了那麼大的交易量，我自然對談判書上教的每一種竅門瞭若指掌，也能預測人們在每一種想像得到的談判情境中可能會做出什麼反應。

我在變更交易的條件方面有很大的自由度。雖然剛入行時，我只是個年輕小伙子，但很快就明白自己在替老闆經手大筆的生意。所以我開始認真研究談判對手的各種戰術，終於變成了談判高手。

談判態度要和善，但內心要存疑

在和川普相識的多年前，我已經知悉談判的另一個關鍵因素：不是每個人都實話實說。很意外嗎？一點也不。如果不說出全部實情對自己比較有利，那麼談判的人就不會全盤托出。在這個前提下，我的談判指導原則於焉成形，那就是態度要和善，但內心要存疑。忘掉他們對我說過的話。忘掉他們寫給我的內容。他們真正的目的，是在交易中得到他們要的數字。

只要能說服你，有些人什麼都說得出口。想要成為一名有技巧的談判者，就得仔細檢視交易、專心傾聽對方說話，想想看你聽到的話和你認為的對方真正目的之間有無落差。從這裡出發，開始談判，再用直接和間接的問題追根究柢，直到找出對方真正的目的為止。

這個簡單但重要的人生真相，讓我獲益匪淺。我曾和名氣響叮噹的房地產大亨同桌談判，當時我心想：「如果連這傢伙都這麼奸詐卑劣，那麼其他的人會玩什麼把戲？」

舉例來說，我曾經和一位房地產經理談判，這人讓他的祕書把合約書打出來。我要求更動幾個地方，他也同意了，但當我收到合約書的時候，卻發現條文內容和我們當時口述的不一致。我得再跑一趟，問坐在談判桌另一頭的人：「你是真心想要做成這筆交易嗎？」

他說是，我回答道：「那就請你的祕書進來。在我們決定合約內容之後，她當著我們的面打字。如果你不願意這麼做的話，那我就不做這筆生意。」

這類衝突是必要的。那麼有名氣的人竟然偷改文件內容，著實讓我眼界大開。我知道自己完全無法信任那傢伙。在事業的起步階段，他給我上了難熬的一課，迫使我思考整個談判流程。人們會在改變事物、做出承諾之後，背著你搞鬼。你得提高警覺，因為，很不幸的，這就是談判流程的一部分。

川普初試啼聲的大計畫

在我遇見川普以前，已經學到很多跟談判有關的事情。憑著豐富的經驗，我是個強有力的談判好手，但川普的風格和創造力——他處理商業交易的手腕——卻引領我進入了一個截然不同的方向。我在一九七四年初遇川普時，他在房地產業還只是沒有實績的初生之犢。當時他年僅二十七，而我已經是德萊爾－特勞普法律事務所的資深合夥人了。唐納拿著他父親弗列德．川普的一封介紹信來拜訪我。說實在的，當時我會見他，完全是給他父親面子。唐納說他很想買下紐約第四十二街上位於中央車站旁的船長酒店，好好整建一番。他為那棟頹圮的建築物構思了一個精細複雜的計畫，但在我看來，根本是痴人說夢。這個計畫要成功，除了得和鐵路公司主管、紐約市政府及其內部眾多機關、紐約州官員談判之外，還得找到有意願的出資人——這麼複雜的事情，一個沒經驗的年輕人怎麼可能辦得到？我想不出有哪一項初試啼聲的計畫比這事難度更高。但他很堅持。他知道他辦得到。他憑藉著信心、熱情、耐心、遠見以及能力，把各方人馬全都請上了談判桌。而上述特質的綜合，也就成了我今天所實行的川普式談判。

在買下船長飯店之後，我斷斷續續協助唐納許多年。最後，他問我是否願意為他做全職工作，並保證會讓我經手很多刺激又有意思的案子。經驗豐富但深知學海無涯的我，怎麼抵抗得了他的提案呢？川普給我極大的自由，讓我用自己的方式運籌帷幄。他從不問我做決定的理由，對於我為他做的事情，也從不妄加揣測。他完全信任我。或許他的這份信任，有部分來自我們過去共事的點點滴滴。

例如，在我開始為川普企業全職工作時，華爾街四十號還是一棟幾乎空空如也的建築物，占地百萬平方英尺，價值約一百萬美金。川普想要買下它，但看似無解的無盡問題卻橫亙在前。川普最受不了的事情之一，就是僵局；他最恨無止境拖延的交易。（當然，這是一項潛在弱點。如果對方知道這點，那麼他只要加快交易速度，就能談到對自己比較有利的條件。）不過川普也很精明，他知道談成華爾街四十號個案的唯一方法，就是借重專家的協助。他僱用並授權我替他清除路障、完成交易。在他和地主完成了幾次傑出的談判後，我針對財務事宜提供建言，然後他將管理和出租該地的任務交付予我。今天，華爾街四十號是一棟非常成功的辦公大樓，價值三億五千萬美金。

我在唐納身上學到了一件事情：談判不一定像表面那麼簡單。有時候，人們會說他們要某件事物，但他們說的這件事物是為了達成另一個不同的目的而存在。事實上，「人們所協商的事物是為了達成另一個目的而存在」這個概念，正是整個川普式談判的基礎之一。例如，宣傳有時比短期獲利更重要，因為能見度將開啟很多通往長期獲利的大門。這就是川普的遠見，而區別尋常成就和偉大成就的，正是這份遠見。

最重要的是，和人談判時一定要採取策略性思考。請你在心中問對方：「你說你想要的是什麼？而你真正想要的又是什麼？」一旦有了答案，就能凌駕大多數人，特別是坐在你談判桌對面的那些人。

緣起
從十五分鐘到十五年的談判課

過去二十多年來，我都在紐約大學專業進修學院擔任教職。起初，我基於過去的廣泛經驗，以房地產個案作為授課內容。雖然我有談判專長，卻從沒想過要針對談判這個主題開設大學程度的課程。不過，幾年前的一門共計十六小時的房地產課程接近尾聲時，我還剩下十五分鐘，由於學員們對談判很感興趣，我決定和他們分享一些想法。在課後的書面意見調查中，學員說他們認為最後十五分鐘所討論的談判，比之前十六個小時談的如何解決複雜的房地產問題，更讓他們獲益良多。

我根據他們的建議，在下一門課最後的四十五分鐘加入談判訓練。學生的出席完全是自願的，在我上完最後四十五分的課程之前，沒有人離開教室。而且這回，學生的反應更熱烈了，很多人問道：「為什麼紐約大學不開談判課？」在進修推廣部主任的力勸之下，我設計了一門談判課程，並且教了十五年。因為我是第一位針對這樣一個複雜、難懂的主題授課的教師，一九九五年，校方頒發了一份傑出教學獎給我。

由於談判沒有既定規則可循，完全與如何利用心智運作和溝通策略有關，因此，要引導人們發揮智慧去思考壓力沉重的談判競賽絕非易事。然而，這個技巧將使你一生受用——川普的談判技巧就是他成為億萬富豪的重要原因。這本書的目標，是幫你洞悉談判的諸多複雜之處，更重要的，是讓你的談判實力更上層樓。

1 談判是一場沒有規則的遊戲

我想先說個故事，協助你開始學習談判專家的思維。

某個千萬富翁有一對十歲大的雙胞胎兒子，一個樂觀到無可救藥，另一個則是悲觀到無可救藥。他心想：「如果我能讓過度樂觀的變得悲觀一點，讓過度悲觀的變得樂觀一點，那我就有兩個成材的兒子了。」於是，千萬富豪在兒子們生日的那天派人把禮物送到家裡。他給過度悲觀的兒子買了一台價值五千美金的十段變速的日本競賽單車。他看著紅銀相間的流線型車身，心想：「十歲小孩子可能不想要它嗎？不，他一定會喜歡的。」至於過度樂觀的兒子，他把兩袋馬糞堆在兒子遊戲間的正中央。

在生日當天早上，他先去看過度悲觀的兒子，問他：「你喜不喜歡我送的禮物啊？」

「喜歡？」這名男孩說，「怎麼可能。你挑了最糟的禮物送給我。如果我騎它出去，說不定會被巴士撞斷兩條腿，躺在醫院裡。如果我運氣不錯，真的騎到了公園，體型大我兩倍的孩子會把我揍得半死，把車搶走。你怎麼會這麼不用心，送這樣的禮物給我？」

「唉，一個已經搞砸了，」這位父親一邊踱步朝走廊的另一頭去看另一個兒子，一邊心想。他對自己說：「另一個應該很成功吧。」他推開遊戲間的門，看見過度樂觀的兒子坐在糞堆中央，雙手拿著馬糞塊四處亂丟，一邊還唱著歌咧！

「你在幹什麼？」父親問道。

男孩回答：「這麼多大便，表示附近一定有頭小馬！」

這句話具體而微反映了談判老手的思維。你要知道，一位好的談判者知道怎麼穿過一堆大便找到小馬——完成交易。要想在談判中勝出，就得花大量的時間分析、了解對方真正想要什麼——而不是他們說他們要的是什麼。你得問很多問題，找出對方能接受和不能接受的事情。你得拿出無比耐心，持續探查對方的強項和弱點。

談判沒有規則可循

在我們繼續之前，請回答以下兩個問題：

1. 談判有規則嗎？正確的回答是：「不，談判沒有規則。」
2. 可以說謊、作弊、騙人嗎？正確的回答是：「可以。什麼都可以。」

這不代表你應該有不道德或不法的行為。當川普談妥了一筆生意，他一定會信守承諾，我也是如此。實際上，我在本書中不厭其煩、再三強調和對方建立信賴關係的重要。只不過，談判和已經敲定的商業交易是兩回事。根據我的經驗，每個人在簽定合約之前都有不受拘束的行動自由，覺得怎麼做比較好就可以怎麼做。

舉個例子，如果對方問你：「這樁交易對你來說很重要嗎？」你不能開誠布公地說「對」，否則就會處於不利的立場。你應該說：「不，我是想要完成這筆交易。但如果談不成，我還有其他案子可以做。」

就我所知，沒有任何一個運動項目或競爭活動允許參賽者擁有這麼大的自由。以美國人最喜歡的棒球為例，不論規則或指導原則都很嚴格。每一支隊伍一次只能派九名球員上場守備，一場比賽共有九局，由主審決定投手投出的球是好球還是壞球，場地上畫有白色邊線讓主審判斷球是落在界內還是界外。談判——真正的「人生遊戲」——卻沒有決定玩法和公平或犯規行為的規則或指導原則。談判是最終達成某種結論的一連串溝通運作。只有參與談判的雙方能決定輸贏或不輸不贏。

你每天都和身邊的人談判

多數人一想到談判就心生畏懼，然而事實上，人在一生中其實經常在談判，只是有時不自覺罷了。我打從出生就開始談判。初試啼聲之作，就是肚子餓的時候用尖叫跟我母親談判，要她餵飽我、解決我的問題，否則我就叫個不停。我不是有意識地那麼做，一切就是那麼自然而然。

人不斷和自己遇見的人談判，對方可能是頂頭上司，也可能是普通朋友。男孩去跟女孩談判，女孩也會跟男孩談判。夫妻之間也總是在談判。買車或購屋時，談判悄悄揭開序幕；和朋友討論看哪部電影時，也得經過談判做出決定。談判不只是敲定某件困難的交易，更是人們每天參與生命這場遊戲的方式。

許多人認為談判的唯一目的是盡可能拿到最大、最多的好處。川普的做法恰好相反，他追尋的境界是經由談判達成皆大歡喜的結果。創造和樂的關係比完成交易、贏得勝利更重要，也比得到對方本來不想給你的東西更重要。

川普之所以能成為人人傳頌的談判高手，憑藉的是他對人性的洞悉。他知道別人是怎麼想的，也知道要提供什麼樣的動力給對方，才能讓對方打從心底贊同他的構想。他能提出正確的策略，幫助人們跳出思考的框框，將眼光放遠，跳脫自我設限，而不是將自加的限制當作避難所，躲在裡面不肯出來。

我們會說，錢財報酬是人的主要動機，然而驅動著人們的，往往是自尊、名望、肯定，或自身的滿足感。這就是為什麼川普很少在談判時用到金融卡。他的腦筋靈活，說服力又強，更懂得如何巧妙運用這樣的人格特質。川普知道，在對的時候說出對的話，能將敵人變成朋友，把僵持不下的討論化為皆大歡喜的安排。對於大多數想在談判中達成圓滿結果的人來說，川普的這種溝通技巧正是他們需要的。

談判包含了傳遞訊息的所有形式

想要當談判高手，就得先明白談判這件事比兩個人討價還價更細微複雜得多。談判是人和人之間最初的溝通形式。談判是我們傳遞訊息，從而表達一己意念、欲望、對他人期待的所有方式的總和，當然，我們也藉此接收訊息，了解他人的意念、欲望與期待。語言無疑是溝通工具中的首要武器，但說話得體只是談判的一小部分；談判其實包含了傳遞意念的所有細膩和不那麼細膩的方式。

我們容易以為談判只是對某人說話、傾聽某人說話、跟某人討價還價，最後達成自己想要的結果而已。但別忘了，談判也可以用很多非語言形式進行。如果某人遲到卻不道歉，或甚至根本就沒到，也構成了一項談判因素。有時，當人們不做或不說某件事的時候——不接電話、提早結束會議、把一個會議排在跟另一個會議相衝突的時間——傳遞的資訊最多，而這些都算是某種談判手段。凡是會影響你從另一個人身上得到什麼或影響另一個人從你身上得到什麼，無論其效果為正或負，這些事都是談判。

談判需要妥協和創造力

人無法得到他想要的每一樣東西，這就是人生。我在紐約大學授課時，跟學生們說，談判是一個過程，在這個過程中，人學著對可得的承諾感到滿意並接受，不再執著於自認為真正想要的東西。

每個人在交易之初都自認為很清楚要什麼。然而他們要的東西往往無法得手，所以必須學著如何在談判的過程中妥協。

舉例來說，我可能會走進一間車店，說：「我要買一部四輪傳動、有天窗的跑車。」後來，當我看到新車款時，改口說：「那輛車真的很不錯。就是它了。」展示人員告訴我：「你說你要的配備，這輛車都有，現在只賣九十萬元。」我不打算花九十萬元買一輛車，所以就對展示人員表示，售價超出我的預算。銷售人員說：「我們還有另外兩款七十萬元左右的車子，可以幫您介紹。不過那兩款都沒有您要的配備。請問這些配備對您來說有多重要呢？」

到頭來，我必須放棄一些我原先想要的配備……最後我買到的車和我最初想買的車並不相同，不過，那已經是個可以讓我滿意的選擇，可以代替我自認為真正想要的東西。人在一生中所做的每一件事情、進行的每一次談判都有利有弊，我們必須權衡輕重，做出利大於弊的決定。事情就這麼簡單，只不過在達成決定之前，我們往往會經歷一些沮喪、惱怒和爭論。

參與談判的樂趣，來自一路上不斷發現的資訊，就好像玩拼圖一樣，只是這款拼圖的外盒上沒有印上完成圖案，也沒寫一共有幾片圖塊，無論成品的顏色或形狀，都不給玩家任何線索。完全拼不成嗎？不至於。難度很高嗎？是的。要談判，就必須用腦力和邏輯取代對五感的依賴。展開談判就好比開始一趟通往想像國度的旅程，但旅行者是沒有地圖的。所有的路標也都刻意指向歧途，因為人們多半認為和盤托出會危及自己想要的結果，所以不會對彼此誠實。

例如，**川普就很少在談判初期向對方透露自己的真實目的。**我們來分析一個冗長的談判實例，談判雙方分別為唐納．川普和李奧納．坎德爾，標的物是位於紐約市第五大道上的川普大樓——川普的生平代表作。在東五十七街上，坎德爾擁有一棟連接蒂芬妮公司和川普大樓預定地的建物。川普必須控制坎德爾的這塊房地產，讓川普大樓在東五十七街有門面，並取得能增加大樓高度的未利用空間權。在仔細調查過坎德爾的背景後，川普得知他是資歷豐富的開發商，向來以精明、難纏著稱，並且喜歡長期擁有一塊占據策略位置的土地，不喜歡賣斷。川普真正想要的是一張長期、有彈性的租約，但他也很清楚，如果直接表明意圖，免不了打一場困難的長期談判抗戰，而且結果可能不會盡如人意。川普需要一些籌碼，讓坎德爾願意考慮將土地長期出租。在和蒂芬妮公司談判購買對方未利用空間權事宜時，川普得知蒂芬妮有權選擇是否用相當於合理市值的價格購得坎德爾的房地產。於是，他在和蒂芬妮達成空間權協議時，說服對方將這個選擇權移轉給自己。

有了選擇權這道護身符後，川普告訴坎德爾他要行使選擇權，把坎德爾的不動產買下來，要對方開個價。雙方就何謂合理市值一事意見分歧，發生了激烈的爭論。從事情的發展看來，如果雙方想就合理市值達成共識並完成過戶，所費不貲的冗長訴訟顯然免不了。因此，坎德爾邀請川普到大學俱樂部共進午餐，希望跟他達成共識。川普很清楚坎德爾會提出長期租約的建議，那正是他真正的目的。由於我熟稔跟訂定租約相關的複雜事宜，因此川普要我連袂出席。不出川普所料，雙方經過一些口頭上的爭論，坎德爾提出了長期地面租賃的可能性。川普說他想要買斷以便使用多餘的空間權，坎德爾則予以駁斥，表示如果租金夠高，他就願意將空間權納入地面租約。川普問：「幾百萬美元的現鈔有什麼不好？你為什麼要長期租約？」坎德爾說了一句真心話，他回答說他不想為賣斷的所得繳納稅金。與其將一大筆現金留給他的孫兒，不如給他們能長期安穩收現的資產。然後川普向坎德爾坦誠以對的態度表示尊重，立刻把握機會將可能充滿敵意的協商變成友善的互信。川普說：「我原本是沒有這個打算的，李奧，但是如果你想要這麼做，這麼做會讓你開心，那就這麼辦吧。」很快地，他們便對租約和其他重要的條款達成共識，握手成交。在川普轉身離開之前，他在坎德爾面前對我說：「請你跟李奧敲定細節。我要你擬一份充分保護李奧權益、同時足以提供川普大樓成功所需的租約。」川普在握手和離開前的行動和態度營造了一種信任的氛圍，替我打下談判基礎，而且也避免了擬定重要法律文件時經常會發生的爭吵狀況。顯然，川普委託我完成交易的意願引發了坎德爾的共鳴。坎德爾做出一個很不尋常的舉動：要身為川普律師的我來擬租約。我知道這是種信任的表現，於是對他說，我會把他當作自己的客戶一樣，保護他的權益。租約在兩週內擬妥、討論和修改後簽字定案。在這項交易裡，川普和坎德爾最後都得償所願，而我方的收穫更豐碩。

在談判圓滿收場之後，川普和坎德爾成了朋友，他倆的友誼一直延續到坎德爾去世。坎德爾基於對我的信任，稍後邀請我擔任他的律師，而我和他的後人之間也維持著類似的關係。這個故事要告訴讀者的是：「有時，直接提出要求並非達成願望的最佳方式。」

好的談判就如同這則故事一樣，是對可能性範圍的持續探索。在許多情況下，成功取決於逆向思考的能力，而這正是川普的長才所在。當你的提案過於驚人，直接提出根本不可能被接受時，逆向思考便能幫上你的忙。你可以倒轉方向，同意修改提議以讓對方更滿意。接著，在達成雙方皆可接受的解決方案的過程中，你必須考慮多種選擇。你丟入水中的餌愈多，魚兒上鉤的機會就愈大。

再舉個例子。我想買筆記型電腦，銷售人員可能會說：「這裡有一組基本款，只賣五百九十九美金，不過不是你想要的。」有何不可呢？他是在幫我做更好的決定，或是在引誘我花更多錢購買能讓他抽更多佣金的機型呢？電腦銷售員就像所有談判者一樣，總是在賣東西給別人。這就是我這趟通往想像國度之旅的出發點。容量五十ＭＢ（百萬位元）、內建四倍速光碟機的電腦怎麼樣？我知道我需要一台電腦，但搞不清楚細節，不知道ＭＢ代表的 megabyte 和蚊子咬的 bite 有何不同。我得透過談判的方式取得可靠資訊，面對油嘴滑舌的銷售員和贈品的誘惑，還得坐懷不亂。或許高價的機型才能滿足我的需要，但在下決定購買之前，必須先進行深入討論。創造力、抱持懷疑的態度、資訊蒐集，以及將多種解決方案納入考量的意願等等，都是有志成為談判高手的人必須充分掌握的關鍵要素。

談判情勢隨時會改變

如果你想了解談判，就必須知道三件事。第一，談判不是一門科學；第二，談判不是贏就好；第三，談判不是持續性的單一事件——與談判有關的各路人馬，以及這些人各自的動機和目標，都會因為談判過程中任一時點所發生的改變而改變。

談判不是科學，沒有絕對的對錯

人人都希望談判的最終結果能令自己滿意。談判要成功，就必須說服並帶領對方進入一個皆大歡喜的狀態——這種滿足的感受是無法勉強的。不過，滿意是一種全然主觀的情感狀態，和一個人的性格有直接關聯。談判所達成的東西不太可能是完全明確、可以證明，甚或可以有效測量的。而科學力求精確，你知道自己達成了什麼，這些成就可以用明確的形式量化。談判無法符合科學的標準。如果有人問你：「在那次談判你是贏了還是輸了？」你無法給對方確定的答覆。有些地方你可能贏了，有些地方你可能輸了，但是輸贏的概念太過精確，無法解釋真實生活中的談判結果。談判沒有絕對的對錯。

有時，一句談判話語所產生的結果跟你預期或想要的截然不同，但你會發現，心中的滿意和平靜感受比付出的代價更重要。對你而言，感覺舒服可能比拿到最好價格的意義更大。人的感受是一種包含無限多細微差別和複雜度的內在過程，人不會只因為達成了成本和績效上的共識就感到滿足。

談判不是贏就好

談判涉及的事物很多，不只是輸贏這麼簡單的概念而已。這種非黑即白的想法，是預設人在開始談判前心中對於想要的東西已經有了非常明確的概念，於是談判結束不是得到跟預設目標完全相同的結果，就是全盤皆輸。這種觀點很短視，注定要失敗的。真正成功的談判皆以建立信任和友好關係為其必經過程的一部分，並將之視為談判結果的關鍵要素。如果你相信一名水電工，讓他按照他的判斷來修補，那麼你每次都會請他幫忙，願意付他一定的價格。如果你無法信任對方，你就會動腦筋尋求其他的解決之道。不論你面對的是汽車經銷商、理財專員、不動產經紀人，或任何你想建立滿意關係的人，情況都是一樣的。

談判不是單一事件

大多數的談判是由一連串規模和形式各異的談判所構成。有清楚的起頭和結尾的單一討論或會議是很少見的。通常在談判過程中會發生一些狀況，例如情勢改變或出現額外因素等，致使人們改變立場。因此，不能理所當然地預設昨天說過的事今天還算數。

例如，假設你有輛車子要賣，我剛好想買。我以為我們已經講定了，約好明天再談。但這時候，情況突然改變了。你接到某人的來電，表示願意出更高的價錢。在我倆的討論暫停的這一天，另外有個人需要這部車。你接到的這通電話是一個新的因素，讓我們之間的談判豬羊變色，也使你改變立場。類似的情況在談判過程中層出不窮，而我們都可以善加利用、形塑出對自己有利的情境。我將在本書後面談到談判速度的章節中說明。

設定七大目標，談判無往不利

即使無法確定能否達成談判，初期仍然必須設定目標。以下我將列出七項目標，協助你提高談判效率：

目標一：我要從談判獲利。「獲利」不見得要用金錢來定義。從談判中獲得的利益通常包括起初根本未曾考慮、但在過程中發現的部分利益。若能保持開放的心態面對談判，往往能得到意外的收穫。與其畫地自限、死抓住既定的單一想法不放，不如承認結局出人意料的可能性，這麼一來，你在過程中學習成長的機會也會更大。

目標二：我要盡可能了解對方的想法。參與談判的每個人都有個故事，陳述她或他置身其中的原因與方式，而且往往令人料想不到。如果你有辦法挖掘對方的故事，設法提問，一定能找到可用於未來談判的資訊。滿足各方需要的談判方式比較容易建立互信，而這樣的關係正是談判的關鍵因素。以我本人為例，我在辦公室牆上的方框裡放了一些美鈔。別人會問我為什麼這麼做，理由就是：它讓我有機會對別人說，這些紙鈔是別人跟我打賭說我一定做不到某件事情之後輸給我的。所謂一葉知秋，雖然這只是我的故事裡的一個插曲，卻透露了我的性格，以及我在談判時可能會有的反應。

目標三：我要摸清底線。對方說他非要不可的最低限度是什麼呢？你最多又能給些什麼呢？在這兩個極端之間的一切事物都存在著談判空間，我稱之為**「不確定區域」**。要有效談判，就必須摸清對方的底線，從而畫出不確定區域的範圍。當你這麼做的時候，請意識到對方也正在如法炮製。

要記得，對方不會一五一十把底線告訴你。很多人甚至不知道底線是什麼，而表明自己底線的那些人，也不一定有自知之明。因此，你得透過討論和觀察，自行找出對方的底線。至於他們告訴你的話，就姑且聽之吧。

目標四：我要了解與交易相關的種種限制。有些人必須在一定的時限內（例如年底）完成交易。有些人沒有決定交易的權限，必須請示其他人。這些限制都將影響某人跟你進行談判的方式。

目標五：我要研究對方。為能有效談判，有些必要資訊是你一定要弄到手的。你可以透過直接討論，也可以找參與談判的其他人聊聊。**盡可能多去了解每個人的性格、教育程度、談判能力，以及對主題的掌握程度。**整合上述資訊（愈多愈好）之後，和另一方打交道的最佳途徑便將展現在你眼前。如果對方講話刻薄或愛說下流笑話，你最好也有樣學樣。如果對方生性嚴肅、公事公辦、毫無幽默感可言，當你也一臉正經時，他可能會覺得比較舒服。你必須知道對方是以誠信立本，還是以骯髒手段聞名。對方會言出必行，或對自己先前的說法大打太極拳呢？你必須先取得相關資訊，才能做出有效的行動、反應和溝通。

目標六：我要評估參與談判的我方人員。「我方」指的是將協助我參與這項交易的每一人，包括上司、與財務有關的人、律師，如果談判是屬於個人層次的，那麼就包括了配偶或父母。考慮過購屋的人應該都知道我的意思。你的配偶可能會執著於房屋的某項特色，但你認為房價太高、超過預算。遇到這種情況，你要怎麼處理歧見？你得找到一個方法來跨越彼此之間的鴻溝，達成雙方接受的妥協結果。**向對方表達立場時，必須了解姿態和實情的區別。**姿態——談判時擺出的表情——不必然反映實情。例如，你和配偶可能會針對是否出價各執一詞：配偶很想出價，但你認為價格過高。所以你可能會跟房仲業者說：「廚房得大修，所以我才提出比你開價低的價格。」

這是故作姿態的一個例子。你不應該對房仲業者說：「我老婆對這間房子滿意得不得了，認為我們應該依照定價，但在我看來，你們把價格訂得太高了。」雖然你心裡是這麼想的，但實話實說只會強調內部歧見，削弱你的談判立場。

目標七：我需要知道何謂公平和合理。每個人在每個談判階段都會說：「我要的都很公平合理。」不幸的是，當各方開始解決某項問題時，對公平合理的想法都不一樣。你必須透過廣泛的探查，去了解其他人心中的公平合理是什麼，以及他們的觀點和你的有何不同。

結論

我一向主張，兩歲大的孩子才是世界上真正的談判高手。如果他們無法馬上得到想要的東西，就會躺在地板上尖叫，哭鬧到喘不過氣來，直到東西到手。為了讓孩子別再吵鬧，有的父母親可能會苦苦哀求、好說歹說，或者乾脆讓他們如願以償；這麼一來，孩子就成了談判的贏家——而且學到了「會吵的孩子才有糖吃」的道理。有的父母可以對這種壞行為視而不見、轉身走人，讓孩子在原地尖叫、狂踢。他們決定採取不同的談判策略，讓孩子知道會吵不一定有糖吃；孩子也將放棄無效的策略，改採其他有效做法，例如一邊用雙手環抱父母一邊說：「媽咪我愛你。」不管在哪一種情況，孩子都從中學到了一些將來談判時派得上用場的事。只要肯用心，每一次談判經驗都能讓你有所學習，讓你的談判技巧更上層樓。希望我寫的這本書能傳達出我和川普從多年交易經驗和數千次高階商業談判所學到的東西。從下一章開始，我將告訴各位如何像川普一樣與人談判，並在接下來各章循序漸進詳述各種階段和策略，引領各位一窺談判藝術的堂奧。

為什麼要這麼麻煩學習談判藝術？何必看這本書呢？**答案是：有經驗、心思縝密的談判高手，比不了解談判技巧的人更能在各種生命情境中得到好的結果。在很多時候，這項差別甚至是功成名就或吃鱉慘敗的決定性因素。**

那麼，我們就開始吧……

第一部
向川普學談判的關鍵

2 談判成功三要素：信任、和諧和滿足

有些人認為，談判就是傾聽自己的需要，想辦法讓對方同意自己的看法，開立或收取支票，然後早點回家。其實不然。如果你經歷過這種事，那麼你談成的一定是不好的交易。**談判高手會向對方伸出雙手，拿出同理心，然後創造利人也利己的雙贏結果。**好的談判絕不該只有單向溝通。

你是否具備和影響力人士建立有利連結的能力，往往比你自身的財務狀況或其他看似重要的因素更關鍵。舉例來說，川普在大西洋城設立的賭城是一個全新的投資案，當時他完全沒有相關經驗。那麼，他憑什麼認為自己能成功經營賭場？他要怎麼做才能符合政府的各項法規（新澤西博奕執法局）？乍看之下，川普沒有開賭場的道理。但這裡有條商業準則是各位要了解的：重要的不是某一件交易的本質，而是談判者的背景、聲譽，以及歷年來在商場上的表現。

弔詭的是，川普如一張白紙的賭場經驗卻為他加了分。因為賭博業向來聲名狼藉，

有經驗的人反而不討主管當局喜歡。他們想找的，是已有獲利實績、能募集賭場所需資金、懂得成功經營之道的人。在審核過程中，川普必須回答許多棘手的問題，但他無懈可擊的背景、卓越的聲譽，以及諸多傲人成就幫助他輕騎過關。此外，川普的政治人脈豐厚，多位有影響力的人士紛紛為他說好話、掛保證，這也對決策者產生了相當程度的影響。

在開始談判之前，如果能先讓對方肯定你的資歷，那麼你的談判立場就強多了。而首要之務就是讓決策者相信你是言出必行的人，並且提出證據來佐證你說的話。以賭場案為例，在川普對新澤西博奕管理委員會的簡報中，他用非常棒的開場白來說明自己的資歷。他對他們說，在接下來的簡報中，他會讓他們知道，讓他通過審查是對委員會最有利的做法。對方要求的每一項額外資訊，川普都慎重準備、迅速送交，強化了他值得信賴的好名聲。一旦你證明了自己所言不假，就能贏得他人的信任。

多利用心理技巧保持談判優勢

接著要說明的是智慧談判的八個要訣。當然，你可以玩陰的、脅迫對方，這種方法有時能達到出乎意料的好效果。只要不被抓，搶銀行也是可以發財的。然而，巧取豪奪的惡名一旦遠播，別人將不願意跟你打交道，難道這就是你想過的生活嗎？暗地動手腳會蒙受的損失遠高於所得的報償。我在談判場上素來以強悍和公道著稱。我替自己建立了言必行、行必果的名聲，這樣的名聲也幫助我贏得信任，完成一次又一次的交易。

我相信，任何成功的談判都建築在信任、和諧的關係以及滿足這三項要素的基礎上。信任是人與人之間所有誠信交易的基石。如果你不能信任對方，就不用考慮跟這種人打交道——所謂防得了君子、防不了小人。如果遇到小人，就算在最好情況下，憤怒和所費不貲的官司仍是避免不了。人生苦短，不論你覺得這筆交易有多划算，都不值得讓你浪費時間、自尋煩惱。互信的環境對雙方都有好處。這種環境中的交易不會有懷疑和猜忌，雙方在討論時也不用提防對方，或擔心對方會如何利用情勢得到什麼不應得的好處。

所謂的信任，並非讓對方予取予求。除了不道德或不合法的手段，只要是你想得到的方法，都可以自由發揮，用來增加自己的優勢。川普式談判是很強悍的；他總是使出全力、志在必得。我建議讀者應多加利用許多有助於贏得或保持談判優勢的心理技巧，同時，可以自在地說一些表現姿態但不洩漏真正底線的話。這一切都能在信任的框架中完成──重點不在於你說的話，而在於雙方最後同意的事情。如果不學習如何創造信任的氛圍，就不可能成為真正成功的談判高手。這是我的肺腑之言，也是我五十年來的經驗談。

第二項要素是和諧的關係。乍看之下，它似乎和談判毫無關聯。我之所以將它列入談判成功的三大要素，是因為多年來的經驗一次又一次證明了，如果對方和我不存在某種密切關係，我們就不可能談判成功。這不表示我必須邀請對方來我家參加週末的烤肉會，或是一起揚帆出海，但是，如果我認為這樣做有效的話，說不定值得一試。以川普來說，他是億萬富豪，可以提供各式各樣東西讓對方相信他是個合作的好對象。他有一架特別訂製的七二七豪華客機，能將他有心討好的對象載送到他位於棕櫚灘的五星級私人俱樂部，欣賞艾爾頓強的演出，歡度週末。他的私人直升機也可以將貴客送至亞特蘭大的泰吉瑪哈飯店樓頂，讓他們在占地四千平方英尺的亞歷山大套房中度過美好時光。他還擁有四個世界級高爾夫俱樂部，邀請貴賓到其中一個打場友誼賽也是破冰之旅的理想方式。

我知道川普的財力是絕大多數人望塵莫及的，但你可以採取其他方式來達到類似的效果。有一天，川普和我走進他的一棟大廈。在我們行經的大廳上，有一名工匠正在鋪設大理石地板。我們經過時，川普扯著嗓門對我說：「喬治，你看到這個人了嗎？他是全市最棒的大理石師傅。」他拍拍那人的肩膀，然後說：「你做得很好。就這樣，好好做。」川普當時在跟那名工匠談判嗎？當然。從那時起，那人一定會拿出看家本領把工作品質提到最高，回報川普對他的大聲讚美。我們可以從這件小插曲學到價值連城的一課：無論對方處於人生中的什麼境地，你都應該尊敬對待，因為你將得到的回報，是不需要花你一毛錢的。

我再舉一個人的例子來說明。這位先生當時是我的談判對象，他為了和我建立互信與和諧關係，採取了一個極富創意的做法。我曾負責推廣川普集團的川普冰——高品質的瓶裝天然湧泉水——在全美各地遴選專賣經銷商。在明尼亞波里有個想賣川普冰的人，他真的很想得到經銷權，打聽到我會在某一天現身美國商城（Mall of America）辦簽書會，於是問我可否挪一個小時給他，讓他給我一個驚喜。我說好，接著他問：「你最喜歡的數字是幾號？」我說：「十六，因為我是在十六號結婚的，這五十年來我的婚姻生活都很快樂。」我抵達明尼亞波里的時候，他到機場接我，開車送我到飯店。那時我才知道他已經幫我安排到明尼蘇達雙城隊的主場開球，讓我換上雙城隊的制服，背面還寫著我的名字 Ross 和 16。他載我到球場，由警察護送我進入比賽場地，然後就有人拿了一顆棒球給我。這時廣播宣布由我投出第一球。七十六歲、身為川普律師的我，就穿著雙城隊的制服站在內野中央，對著歡呼聲不斷的滿場球迷投出了儀式性的一球。喔，沒錯，我確實把球投到了本壘板上，讓捕手接個正著，裁判還奉送我一聲響亮的「STRIKE」（好球）。我在走出球場的路上心想，如果這傢伙真有創意、求上進，我就應該讓他拿到川普冰在明尼蘇達州的經銷權。在我離開明尼亞波里之前，我們就談成了交易。那次交易至今仍讓雙方獲益良多。

我參與《誰是接班人》節目而獲得的明星光環，當然是間接替他促成這樁美事的原因，但想到用這個花費有限的好創意來拉近我倆關係的人，是他而不是我。建立信任之後，很自然會延伸出和諧的關係，因此某種形式的和諧也就順理成章成為成功的必要因素。有了它，整個討論就能順利開展，連敵人都可能會變成盟友。跨越敵意之後，就能邀請對方一同打造出同時符合雙方組織中每一名成員利益的交易。沒有和諧關係說不定也能達到相同結果，但歷程將更冗長、困難得多。

和諧關係的寓意比信任更為深遠。正如同人無法跟自己信不過的人達成好的交易一樣，跟「不對盤」的人打交道也得不到皆大歡喜的結果。在商場上，「和諧的關係」意味著相互尊敬，打從心底欣賞對方，以及願意在過程中修正交易——只要雙方對每一件事的解決方法都感到滿意即可。

於是，接下來該談談滿意了。世上有個錯誤的觀念是：人在談判時必須只想著一個堅決的目標，就是我要贏。如果你是這麼想的，你的發展空間就很有限。**談判的目標應該是達成雙方都能接受、都滿意的目標，而且在這次談判之後，未來還有繼續合作的意願。**如果別人在跟你談判後覺得自己遭到背叛、剝削，或是被占了便宜，那麼你所謂的成交，不過就是多創造了一個以後可能會讓你防不勝防的敵人。

我曾有個交易對手，因為他採取了一些不必要的做法，把我變成了他的敵人。當時我是某大開發商的代表律師。我的客戶已經得到了某大壽險公司的高額貸款，他必須替貸方支付費用給律師，作為貸款的一部分。雖然我本人就是高收費的律師，但是看到貸方律師的帳單，我還是傻眼了。我去電抱怨費用過高，貸方律師的合夥人卻說：「這件事沒有討論空間。如果你的客戶想順利貸到款，就得付這些錢。」我的客戶付了，但在後續交易時，我非常堅定地向相同的貸方表示，如果他們想談成貸款案，就要避免委託那一家法律事務所。由於那家法律事務所堅持不改變不合理的立場，迫使我成為它終身的敵人，也讓它自己平白失去了其他交易，少收了數百萬美元的費用。

有些人一定要大獲全勝、徹底打垮對方才會感到滿足。但這樣想的人其實也認為自己應該能要到更多，根本不會有滿足的一天。**談判就字義而言，意味著妥協、有捨有得，以及創造雙方都能接受的交易。**一味想摧毀對方的談判者，並不是真正的談判者。他不過是一個仗著權勢、不達目的不罷休的人；這樣的做法也等於是挖坑給自己跳，惡名將如影隨形跟著他。

如果你有公道的好名聲，那麼就算你占有的優勢再大，別人也願意跟你打交道。想要擁有這樣的名聲，就必須讓你的談判對手滿足，讓他們覺得自己在當時的情況下得到了最好的結果。

對我而言，信任、和諧的關係與滿足這三項要素是極為重要的，每當我開始談判，總會將這三項設為初期目標。當然，我有必須攻占的城池，也有打算掠取的土地，然而為了讓談判成功，一切計畫必須奠定在這三項要素之上，否則，所有的努力都將白費。

川普式談判的核心：信任、和諧與滿足

信任、和諧與滿足是川普式談判的大方向，但要怎麼做才能在實際生活中達成呢？方式如下：

1. 找到雙方的共同點。
2. 建立良好而和諧的關係。
3. 態度要友善親切。
4. 找到適合的溝通方式。
5. 了解對方及其需求。
6. 加強信任感。
7. 學習彈性。
8. 建立談判成功的好名聲，避免談判破裂的壞名聲。

一直以來，談判最好的出發點便是找到雙方的共同點。無論共同點有多小，也不管它的本質是什麼，重點是找到它，然後作為前進的基礎。所謂的共同點，並非只是彼此都喜歡高爾夫或釣魚、都有年紀相仿的孩子、政治立場相近，或聽到同一個笑話都會發噱，而是透過交談的方式，盡可能在對方身上找到各種有意思的事情。如果你太急著開始談錢，不先把地基打好，那麼你將會遇到不愉快的經驗，也可能得到無法讓你滿意的結果。

當我問對方問題、開始交談的時候，旁人或許會認為我們只是在說說笑笑、閒聊家常。但我實際上是在搜尋連結的基礎。我會用不著痕跡的方式把話說到對方心坎裡。如果你讚美人家，說孩子的照片真好看，你可能會發現孩子是他生活的中心，也可能發現孩子是父母心中永遠的痛楚和遺憾。這樣的資訊能增加你的知識，讓你更清楚如何打開對方的心鎖，從而在未來的很多層面上成為你的助力。

川普的辦公室就是一個很好的例子。他有很多自己出現在雜誌封面的照片，以及和柯林頓、俠客歐尼爾、無數女星和美女的合照。於是我們可以得知，川普對體育賽事很熱中，因為有很多運動圈名人照片，也能立刻看出他喜歡漂亮的女人。即使你造訪之前從未聽說過川普這個人，只消四處看看辦公室，就能得到與他性格相關的大量資訊。你可以猜想川普愛談運動勝於古典音樂；雖然不是很有把握，但是機率相當高。一旦得知某人的資訊及性格，就比較有機會說服對方相信某件非常重要的事。有個好法子可以讓你找到你和某人的共同點，就是跟曾經與他做生意或是關係不錯的人聊聊。網路通常也能提供有用的資訊。我建議讀者可以利用各種管道打聽對方的背景資訊。

第二，透過談話和傾聽，跟對方建立良好而和諧的關係，同時謹記這麼做的原因。我發現，只要我跟某人建立了和諧的關係，就能從他身上得到比較直接的回答。這種舒服的感覺來自你自身的真誠，因為你真的對對方感興趣，而跟你要談判的主題沒有特定關係。如果你想讓事情順利地進展，就必須從良好而和諧的關係開始。現在，你不僅了解對方，還能推銷自己、讓對方相信你比其他人更能做好工作、相信交易不會有問題、相信你很可靠、相信「一切將一帆風順」。

第三，態度要友善親切。我認為這是再明白不過的事。和一個友善親切的人共事對任何人來說都是非常愉快的。如果你想讓對方覺得跟你做生意很自在，就一定要常保友善親切的態度。要做一個富有侵略性、好爭辯、唐突冒犯的人，其實是要付出更多心力的——更別說這麼做有多令人精疲力竭了。然而更重要的是，親切友善的人會是好的談判者，能達成更讓人滿意的結果。

第四，找到適合對方的溝通方式。光憑一招半式很難打遍天下，同樣的，只有一種談判方式其實是很不合理的。今天，我的談判對象可能是個性外向的人，他喜歡在酒吧聊天，一邊說黃色笑話、一邊啜飲上好的馬丁尼。明天，我遇到的人卻可能是公事公辦、毫無幽默感，而且滴酒不沾。顯然，如果我把今天的經驗運用到明天的對象上，很可能會招致災難。你不應該讓人覺得你在做假，但是你的溝通方式必須能配合特定的情境和特定的對象。

第五，了解對方及其需求。我將在本書的最後一章詳述，現在先請各位記得，你必須先進入對方的心坎裡，才能在彼此間建立信任、友誼，從而感到滿足。有些人喜歡別人的肯定或尊敬，有些人喜歡覺得一切都在他的掌控當中。你的首要目標之一，是找到對方需要從談判中獲得什麼。更重要的是，你該如何因應這些需要？

舉個例子。我已經發現對方一定要有「談判贏了」的感覺，於是，讓對方信任我、和我建立和諧關係以及感到滿意的一種聰明辦法，就是在很多地方做出小小的讓步。讓對方贏走所有小重點並不會對你的立場產生重大影響。所以，在準備每一場談判時，都請你將必須贏的重點列表，按照重要程度分為大重點和小重點兩類。對於小重點，你可以不甘不願地豎起白旗，但一定要先讓對方以為你做過努力、根本不想放棄。對於必須贏的重點，請你絕對不可棄守。這種手法可以為你帶來兩種好處。其一，你滿足了對方人性中的本能欲求，讓對方有贏的感覺。其次，你為後續的重要談判事項累積了分數。先做了多次的小讓步，可以幫你提高贏得真正重點的機率。

第六，在談判過程中加強信任感。建立初步的信任是一件相當容易的事，因為你只要拿出真誠、友善的態度和風範即可。然而，一旦開始談及交易細節，就必須經常強化那些感覺，讓它們不會減少或消失。你必須徹底信守每一個承諾，保持真誠、友善的態度，更重要的是時時將對方有待滿足的需求謹記在心。這些都做到了，你才能得到言出必行、守信可靠的好名聲，而你在一開始所創造的信任感——談判的基礎要素——也將因此得到補強。

關於信任，有兩件事是每一位談判者都應該知道的。首先，欠缺信任時，一定會引發嚴重的「折扣因素」。這個因素是不明確的，你永遠不知道總共打了多少折扣。缺乏信任會對結果造成影響，而這樣的影響是無法測量的。如果對方不信任你，他們會跟你收取更高的費用，也可能不願意做出讓步，或是不相信雙方合作會有什麼好結果。如果有人在談判過程中說：「這點你要相信我。」你的大腦便應該發出警訊。如果對方值得信任，他的所作所為就是鐵證。如果他用言詞來換取你的信任，說不定是想降低你的戒心，以便施展一些不怎麼光明正大的手段。

一旦發生「不信任折扣」，所有信譽都將受損。談判將無法用直接的方式進行，每一回討論的結果都將打折扣。關於信任，第二件事要謹記在心的就是人會為了安心多付一點錢。和因為無法贏得信任而被打折扣的競爭對手相比，如果你能取得信任，就等於擁有了一個明顯的優勢。

從來沒有人會跟你買一磅的友誼或一籃子誠信，但如果你能帶來友誼或誠信，人們將願意付錢給你。

在整個談判過程中，請將折扣和溢價的原則謹記在心。對方會因為對你放心和信任而願意多付一點錢。無論跟你打交道的是房地產所有人、配偶或汽車銷售人員，這一點都能讓你「行情看漲」，同時移除了最常見的一個談判障礙。無論在什麼事情上，這道理是相同的。

第七，在談判中學習彈性。根據我一次又一次的觀察，缺乏彈性的談判通常注定失敗。談判者得學著如何「順勢而為」，配合相關人士、主題以及在談判過程中發現的癥結來調整作風。記住這句話：「如果你只有榔頭這一樣工具，那麼每個問題在你的眼中看來，都跟釘子沒兩樣。」一遇到問題就猛敲狂打顯然不是辦法。有些問題必須先修正、推敲，甚或重新塑造，才能找到解決之道。

那麼，如果我要跟某人談判房地產事項，我該怎麼運用川普的方式呢？我會不會就這麼走進去，向對方施加壓力，要他接受我的最後通牒？「我們向來都在六十天內完成交易。要不要隨便你。」我要是這麼做，就大錯特錯了。我寧願在開始的時候表明：「你是知道的，我總是相信，如果雙方願意共同努力的話，這個案子可以在六十天內談成。」對方可能會告訴我他的想法：「我最少需要九十天的時間。」

這時，彈性就是非常有用的工具。我不知道對方只是故作姿態，或確實非如此不可。但我可以問他：「為什麼？」再從回答中得到有價值的洞見，摸清對方的心態。實際上，我不需要在六十天內完成交易，但是對方並不知情。如果要我做出讓步，就得給我補償。所以，我所謂的「彈性」，有很大一部分是跟靈活運用發言和立場的時機與內容有關。就像好的撲克牌玩家一樣，我會把自己的牌緊緊蓋在胸口，除非必要，絕對不讓其他玩家看到那是什麼牌。

最後是第八點：應該努力建立完成談判的好名聲，避免談判破裂的壞名聲。導致談判破裂的人永遠是談判的終結者而非贏家。如果你在別人的口中是一個經常使談判破裂的人，你一生都不會有機會經歷最棒、最有趣的談判；這樣的機會只屬於完成談判的人。很多人因為自尊心作祟，不肯做出最後的小讓步來成就談判，而退出大好交易。假使你懷疑「自尊」在談判中是否真的扮演有巨大影響力的角色，接下來的故事將使你疑慮全消。有一次，內人和我到阿卡普爾科度假。我們躺在海灘上時，注意到有一個小販向觀光客兜售墨西哥毯子。當小販打開一條很漂亮的毯子時，內人對我說：「我好喜歡喔，不知道要多少錢？」「我來問問。」我這麼回答。然後我就離開遮陽傘下的涼蔭，去找小販問價錢。我很確定，小販看到一個美國觀光客朝他走去時，應該覺得士氣大振。那人當時一定心想：「活魚上鉤了。」我問他毯子要賣多少錢。「四十美金。」他說。我回答：「你是潘秋維拉（一個惡名昭彰的墨西哥惡徒）嗎？你開的價也太高了吧！」對方大笑後問我：「你願意付多少錢？」我說：「十美金。」他對我的開價嗤之以鼻：「那連買毛線的錢都不夠。」我說：「什麼毛線？在我看起來只是繩子。」聽到我這麼說之後，他開始折疊毯子，收拾傢伙走掉了，我也走回遮陽傘涼快去。

內人問我：「他要賣多少錢？」我說：「我還不知道。我們在講價。」一個小時後，賣毯子的小販回來找我。他用手指比出「三十五美金」，我比回去「十一美金」。我們後來談判了三個小時，小販才表示願意用十五點五美金成交，但我堅持只出十五美金。自尊心就在此時開始作祟，扼殺了這筆交易。因為雙方都不願意放下身段，所以沒有人搭起最後的溝通橋梁。結果這筆交易沒有談成——只為了區區的五十分錢！由於當時我對談判的經驗不足，讓自尊心影響了決定，小販的自尊心則讓這筆交易胎死腹中。警告：談判時，不要讓自尊心控制了大腦，或迫使你做出不是對自己最有利的事。為了讓談判成功，有時你得將自尊放在一旁。

我之前曾說，談判成功不等於勝利。要談判成功，就必須以創意避免或克服障礙，消弭會引發爭端的所有對抗，並且與對方達成皆大歡喜的解決方案。以完成交易為目標

的談判者應該有犧牲部分「堅持」的心理準備，以保住最關鍵的交易事項。成功的談判者應有能力說服對方，讓對方相信可以合作解決難免會出現的各種問題，找到達成交易的方法。

當一隻變色龍——因應談判環境，改變談判風格

八個要訣和三個目標雖然重要，但不意味著我們應該在每次談判都維持同樣的風格或做出相同的反應。所謂「見人說人話、見鬼說鬼話」，你也應該學著當隻變色龍。改變外形有助於融入談判環境。如果對方尖叫了起來，請你也尖叫回去。如果討論是以輕聲細語、各方自制的方式進行，請你也輕聲細語、自我克制。變色龍最厲害的武器，就是隨心所欲改變自己。你也必須學會瞬間改變談判風格。一旦發現現在的辦法行不通，就立刻應變：在別人輕聲細語時大吼大叫，或在別人大吼大叫時輕聲細語，也可能得到你想要的注意力。

當變色龍和保持彈性是兩碼子事。當我說你應該有彈性，我是要你運用彈性做法和創意找出雙方都可以接受的解決方案。當變色龍則是指在某個特定的時間點展示特定

的談判風格。無論變色龍身置何處，牠都會融入環境。談判高手會配合場合的調性和氣氛，跟對象打成一片，因為這麼做對他而言是最有利的。他還能在必要時快速轉換策略，達成想要的效果。

舉川普的例子來說，他很會看人，能在短時間內評估對方，利用並順應現場的氣氛來達成自己的目的。我自己的變色龍技巧則在於，總是準備好在必要時承受打擊，但又能快速修正個人風格，將談判的走向引導至我想要的結論。相信我，每一位好的談判者都是變色高手。

要如何得知採取哪種個人風格或調性呢？在談判過程中，你會得到各種與對方有關的看似瑣碎的資訊，它們說不定能提供洞見，幫你形成最佳策略。例如，對方的書桌如果很凌亂，可能表示他做事欠缺章法或工作量超過負荷。於是，可以向對方保證你會負責處理細節、領取表格、逐一填寫，幫他分攤行政上的負擔，很可能是個有用且有效的策略。但如果對方不同意你的提議，就該立刻改變策略。要記得，你是變色龍。這時候你可以說：「呃，很高興聽您說您會緊盯著細節，確保一切順利無誤，這麼一來，我的工作就輕鬆多了。」

在下一章，我會引導讀者踏出成為談判高手的第一步。在建立信任與和諧關係之後

（兩者通常同時完成），下一個談判步驟就是開始搜尋對方的願望清單，找出對方的強項和弱點。在過程中，你會不斷發現有用和重要的資訊，形成你的談判優勢。

喬治．羅斯說：談判最好的出發點就是找到雙方的共同點，做為前進的基礎。

1. 成功談判的基礎就是信任、和諧的關係及滿足。
2. 談判的目標是達成雙方都能接受的結果，而且這次談判之後未來還有繼續合作的意願。
3. 缺乏彈性的談判通常會失敗，談判者得學著如何順勢而為。
4. 為了讓談判成功，有時你得將自尊放在一旁。
5. 談判高手會配合場合的調性和氣氛，跟對方打成一片，並創造利人也利己的雙贏結果。

3 挖掘談判動機並注意陷阱

談判時，我向來是先去挖掘談判桌上的另一方有何動機。對方可能是生性樂觀的人，覺得所有的事會船到橋頭自然直；他也可能是悲觀主義者，認為我會使詐騙人，害他被迫接受糟糕的交易結果。如果我遇到悲觀的人，就必須先贏得他的信任，設法多了解他，才能期望我們的談判會得到好結果。

第一章曾提及關於小馬的笑話，這類笑話是不錯的開場白，會使氣氛變得輕鬆，打破初次見面的尷尬。再者，它也說明了談判是需要耐心的。沒有冒犯意味的幽默（像那個小馬笑話）是談判的好起點——這麼做可以和對方建立關係，讓討論用更私人和人性化的方式進行。舊式的談判風格不將性格納入考量，雙方堅持己見、互相出拳重擊，能從對方身上拿多少就盡量拿。然而這種談判風格完全比不上川普式談判，後者的報酬高得多，也更成功，總是費心地為未來的談判需求保留一扇敞開的大門。

持續檢驗各種訊息，不可輕信

聰明的談判者應該事事查證。你必須在每一個談判階段做各種假設，運用接收到的訊息，但是，在未檢驗消息的準確性之前，萬萬不可盲信。川普談判學的根本法則是：必須持續檢驗自己的各項假設，直到釐清真假。別人提供給你的資訊可能跟真實情況有差距，有真也有假。關鍵在於，先假設自己對另一方的預設和估計都是錯的，接著就能愉快地發現其中有部分為真而感到驚喜。

這是否表示你不相信別人或他們說的話呢？當然不是！你透過討論和談判來建立信任並且評估真實性，絕不會一開始就把對方說的每一句話都信以為真。舉個例子，如果我要去談一個房地產案子，我可能會先預設對方想用他們心中設定的某個價格賣給我某一棟建築物，而我正是他們的理想買主。但即便是這麼基本的假設，我都應該加以檢驗。

接著，我應該問對方以下問題：你擁有這個房地產已經幾年了？你現在為什麼想賣？你為什麼覺得它有你說的價值？真正擁有這個房地產的人是誰？它貸了多少錢、是向誰貸的？答案及其回答方式一定會對我的談判策略產生影響。

我給各位舉個例子，說明如何檢驗假設和分析對方在談判時告訴你的「事實」。假設有一塊房地產要價至少三百萬美金。因為價格上標示著「至少」三百萬美金，大部分的人會預設得付這個價錢才能買到，而不多想其他。但在我的經驗裡，標示價通常只是賣方用來測試市場的工具。我在愛德華高登（Edward S. Gordon）公司擔任房地產顧問時，一位房屋經紀人對我說，他曾看到一間很讓他心動的房子要賣至少三百萬美金。他問我應該開價多少，我反問：「你想開價多少？」他回答：「我想開價兩百六十萬，跟對方談到兩百八十萬成交。你覺得呢？」當我跟他說「我會開價一百二十萬美金」的時候，他著實嚇了一跳。「不會吧！」他說：「開這麼低的價格，會讓對方感覺受到侮辱！」

我解釋：「最糟糕的情況不過就是對方冷淡地回絕你，連談都不談。但是，他們也可能開始跟你談判，想要講到一個雙方都能接受的價格。你照我說的做，看看對方有什麼反應。」他照辦了，結果是用兩百四十萬買到房子，比他願意付的金額少四十萬，更比對方開的至少三百萬美金少了六十萬！

你親眼所見、親耳所聞可能都是假的

在吉勃特和蘇利文合寫的《皇家海軍戰艦圍裙號》歌劇中，有一段詞寫得很好：

「世事常難如表象／脫脂乳也當奶油。」任何根據你所聽見、看見、自行推理或他人告知的事情所做的假設，都可能是完全錯誤的。

回想多年前，我曾在紐約跟一位知名的房地產大亨交手。當我在員工引領下進入他寬敞無比的辦公室時，他正戴著一頂老草帽躺在沙發上。他甚至沒有起身歡迎我。他說的第一句話是：「相信我，我做生意很公道的。」一聽到他這麼說，我就知道他在騙人。**如果一個人要我相信他做事很公道，就應該在談判過程中用行動證明，而不是開口說明。**脫脂乳是冒充不了奶油的。

恐懼將削弱立場，影響談判結果

一個人如果擔心交易會出狀況，談判時就會顯得膽小、遲疑。心中的恐懼會在整個談判過程中清楚顯影，從而削弱他的立場，或使他太急於完成交易，而處於劣勢。任一方的態度和先入為主的觀念都將影響整個談判。

舉個例子，假設老闆只給你一週的時間，要在限期內完成交易。你抱著擔憂參與談判，一開始就處於劣勢，在整個過程中都承受極大的壓力。如果一個星期過去了，你卻沒談成交易，你就得硬著頭皮跟老闆解釋，而老闆大概也不會對你的績效感到滿意。老闆給定的期限限制了你的談判能力，而解決的辦法就是去問老闆：「為什麼一定要在一個星期內談成交易？」如果他還是堅持，那麼就告訴他你會盡力而為，但可能沒辦法達成對我方最有利的談判結果。或許你可以說服他，讓他知道放慢速度的謹慎談判會帶來哪些額外的好處。要注意，雖然恐懼和願望對每個人的行動都有影響，但你還是可以找到方法將影響的程度降到最低。

隱藏己方弱點，以免身陷困境

現在我們來看看對方會做什麼樣的預設。**在談判過程中，我會針對對方做一些假設並逐一檢驗，也假設對方正在對我做一樣的事。**關於我的談判目標，他們知道些什麼？

對方對我可能一無所知，但是他們會做出一連串的假設，並且逐一檢驗。我可能非得在月底之前訂定契約，非把某個房地產賣出去不可。我不想讓對方知道我有時間壓力，因為這麼一來，我的談判威力會大打折扣。如果我錯誤地預設對方知道我的難處，談判方式就會被限制住。讓對方自行找出主宰我方談判策略的因素吧。別太好心地自願把不利於自己的資訊提供給對方。即使身陷困境，你還是能提供許多不會暴露真正弱點的資訊。你可以表現得很親切友善，同時強而有力。你可以開放而誠實，同時控制對方對你的了解程度。

川普就曾遇到這種情況。媒體曾以頭條報導川普本人跟擁有大西洋城賭場、可能瀕臨破產的公司有關，致使另一方質疑川普能否符合交易的財務要求，並因此卻步。川普並未否認賭場所屬之企業確實有破產的可能，但他也解釋這只占他持有股份的百分之三不到。由於公司曾發行利率高達百分之十七點五的十億美金債券，龐大的利息支出讓公司無法順利營運，川普認為或許需要外力來紓困。然而，要解決問題，還是得採取一個強硬的談判立場。如果對方做了該做的功課，對於川普財務狀況的擔憂程度可能會提高或降低。但他們對報紙上的報導深信不疑，讓我方看出了在未來的談判中採取何種策略會奏效。當你檢驗自己的假設、資訊和信念時，請記得對方也正在這麼做，只是雙方的做法未必相同。以上述情況為例，有時候知道「對方的想法」是很有幫助的。

當心「合理化煙幕」

談判中存在著許多陷阱，而「合理化煙幕」無疑是其中最糟糕的一個。如果說其他的陷阱是道路上的坑坑洞洞，那麼這種障眼法就好像既廣又深的大峽谷。除了江湖術士、騙徒以及其他專走邪門歪道的傢伙之外，連聲譽卓著的百貨公司、商店和律師也是這一招的愛用者。「合理化煙幕」是無所不在的：「限量版」、「倒店大拍賣」、「最後拍賣」、「零售價五百元——本店賣二百五」、「只剩兩件」等等，例子不勝枚舉。

不清楚我為什麼會把律師列入愛用者行列嗎？因為我自己在談房地產時就會用這種障眼法。紐約房地產局製發了一份「紐約房地產局官方租賃標準格式」，它有特定的尺寸、易於辨識的格式，常為紐約的房地產律師所用。我自行準備並印製了一份自用的版本，看起來跟官方表格一模一樣，只是上頭好幾個地方已經過修改，使內容對我的地主客戶更為有利。我自製的表格以「辦公室租賃標準格式」為標題。我從來沒有揭露或隱藏這份標準表格是我本人訂做的事實。我見過很多代表房客的律師，他們大多跟客戶說我的表格是標準表格，還說他們對這張表格很熟悉，因此沒做什麼大更動就欣然接受。可見標準表格的效果實在太好了。所以我後來又針對不同的建築物設計另外兩個版本的羅斯「標準表格」。障眼法之所以有效，是因為一般欠缺技巧的談判者都相信別人說的話就是事實。如果有張表格上面寫著「標準表格」，他們就會信以為真。

舉個例子，假設有張房屋廣告單標價房子為四十萬美金，這個印在廣告單上的數字容易使人信以為真。一般人會認為廣告單上標示的價格跟實際上需要支付的價格很接近。但事實上，廣告單標示的價格跟賣方實際接受的售價可能關聯不大、甚或毫無關聯。這種障眼法也遍布各類事物中。某家大報刊登了一篇報導，指出房地產價格正在暴跌，並引述某權威性機構的研究作為報導結論的依據。不疑有他的讀者因為報紙的聲譽而相信，他們雖然不清楚這項研究如何進行，卻願意信以為真——但實際上這個結論可能只是調查方式不良的產物。

如果你能透視「合理化煙幕」，就能辦到兩件事。**第一，你知道他人呈交的書面文字是可以質疑的，因為你知道障眼法會有怎樣強大的說服力。第二，你可以學著將它當作一項非常有效的談判工具。**例如，如果文件製備由你掌控，談判時使用的也是你的文件，那麼你就擁有極大的權力。你的表格成為所有後續討論的起點。你知道自己在文件裡包括了什麼、遺漏了什麼。對方只看得到你寫在文件上的東西，你遺漏的部分則由他們自己去推想，但看不見的東西當然比較難處理。如果你打算成為談判好手，這兩種能力你都應該培養。如果你了解「合理化煙幕」是多麼有效，就請善用它來增加談判優勢；如果你對它一無所知，它就可能會對你造成很大的傷害。本書稍後會再回頭討論這個重要的主題。

找出談判的關鍵人物

要想有效談判，就得找出關鍵人物，了解他們的角色和動機。欠缺這份認識，你就等於在黑暗中摸索前進。決策者會不會根本就不在這個房間裡？你跟他們說過話了嗎？請你在開始談判前先回答這兩個關鍵問題。有些談判是透過「傳話者」或「小卒」進行的，他們的角色與職責很有限。一旦你發現這個情況，就只能把對方視為傳遞訊息的中間人。切勿跟這樣的對象深入談判，因為他們根本沒有做最後決定的權力。有時，你必須堅持跟能做重大決定的人直接談。有時，關鍵人物確實就在房間裡，但他們只聽不說。請你弄清楚他們是誰和他們在場的原因。如果列席的是公司的財務長或法律顧問，他們也許不會直接參與談判，但交易可能還是得經由他們同意。

在大規模談判的情況下——雙方各自派出大隊人馬，包括律師、會計師、專家、顧問——你得摸清每一位參與者的來路。川普式談判的做法，是有條不紊蒐集對方每一位成員的相關資訊。在第一次會面時，你必須問清楚對方成員的姓名和扮演角色。稍後，當你得到較多資訊時，請進一步觀察他們的個人和工作情況，並詳做筆記。你可以稍加推測，試想他們在談判中可能發揮的功能。隨著時間過去，你應該經常檢視並更新這份觀察筆記，以反映原先預設的變動和錯誤。你會從每一回交手中知道更多。利用你蒐集到的資訊來決定後續談判策略要採取哪些步驟。

請你分別追蹤每一位參與者的動機和觀點，不要將對方視為觀點單一的整體。參與交易的每個人在看事情的角度上都會有點不同，端視他在群體裡所扮演的角色而定。如果你交手的對象是房地產經紀人，那麼請你牢記，房子賣掉以後對方是可以抽佣的。他不在乎賣方是否能賣到設定的價格，也不在乎你買到房子的價格是不是你想要的。對於條文，他一樣興趣缺缺，只關心能否成交。如果你提出的要求是賣方很可能會拒絕的，那麼這個經紀人會試圖打消你的念頭。但當他向賣方轉述你的要求時，會試著讓屋主或地主相信你的要求很合理。如果你在來回往返多次之後跟經紀人談不下去了，請找屋主當面談。有時，如果你不直接找屋主，交易就會胎死腹中。這雖然只是例子，但其中觀念廣泛適用於所有談判。你對與談者及其動機了解得愈多，你提出有效主張的準備就愈充分。

三個方向發掘對方優勢與劣勢

下列問題能幫你深入挖掘談判對手的故事和他們每一個人的動機，以洞悉主宰每個人談判方式的力量。

1. **限制**。限制的種類很多，包括時間、金錢、名聲等，不勝枚舉。你一定要了解對方的談判計畫是以什麼為參考依據，否則就無法真正看清談判範圍。如果你不知道談判範圍是什麼模樣，也不清楚對方打算採取什麼戰略，當然就無法贏得這場比賽。

2. **動機**。對方只是在執行上頭的指示？或他們將這次談判視為出人頭地的墊腳石？如果這筆交易談得成，他們會大賺一票嗎？如果你想要知道對方的動機，不妨用很友善的態度問：「你在這家公司多久了？職務的範圍是？如果我跟你談成這筆生意，你有機會去度個大假，在海灘上喝鳳椰汁雞尾酒嗎？」只要你表現出關心，想要了解對方在談成交易後可以得到哪些好處，就能更了解他們。

3. **談判弱點**。用友善和不知情的態度問一些問題，可以發現對方的弱點。「在企業環境中工作，你覺得如魚得水嗎？你在這家公司有何未來規劃？公司是否授權讓你在談判時做決定？如果這筆交易談不成的話，對你個人會有什麼影響？」有些人真的會把牌攤在桌子上，把他們必須帶回公司的確切期限、價格、條件，以及無法成交的可能後果，一五一十全盤托出。如果你的談判對象是很容易看穿的人，建議你邀請他來一場週末撲克牌局（開玩笑的啦）。當你查明對方的談判技巧或弱點後，你在做最後決定時就會更占上風。

發現語言外的小訊號

如果你的觀察力夠敏銳，就能不斷接收到許多微弱信號，甚至發現對方隱藏的弱點。

例如，有技巧的銷售人員可能會問你一個看似不經意的問題：「你什麼時候想用新電視看節目？」你告訴他你想辦個超級盃聚會，跟朋友們一起用新電視看比賽。此話一出，就等於洩漏了一個弱點，讓對方有機可乘。銷售人員可能對你說，因為超級盃快到了，所以不如放棄你喜歡的機型，改選店裡有的機型。此刻的你已經生殺由人了。對方可能勸說你購買超出預算的機型，或落地電視機，或他想到的任何一款電視。這個例子的重點是，你把你認為沒有價值的資訊免費奉送給對方，但是這個訊息在對方看來，卻是價值連城。

你可以採取不同的手段，問銷售人員：「我想看看五十吋的高畫質電視，你們店裡有什麼好貨？」現在輪到對方回答了，他說：「你有多少預算？」你回答：「愈便宜愈好。」談判繼續，但你並未洩漏任何資訊。你就該這樣談判，把定價、確認時機等負擔全推給對方。

如果你的觀察力夠敏銳，你會看見人們怎麼在不知不覺中發出訊號。一個眼神、一個緊張時會有的小習慣、音調的改變、看著配偶或同事尋求認同或不認同——這些都能為你提供重要資訊。

在談判桌上，肢體語言往往會在不知不覺中洩漏資訊。我認識一位先生，他很喜歡控制自己花在開會上的時間。當他想結束會議時，他會將手錶取下，橫置在他和談話對象之間的桌面上。雖然他什麼都沒說，這樣的動作已經清楚傳達出一個訊息：「快點說完，我們這個會差不多了。」

人們通常會向對方發出微弱的訊號，不經意展示出自己的弱點。如果你仔細看、用心聽，即使不發一語，也能知道很多事情。

如果你想找出對方的弱點，可以委婉問幾個問題。假設你跟對方已經討論不下去了，無法就最終價格達成共識，此時，你可以問一些以「要是」開頭的問題：

- 「要是我全都付現的話呢？」
- 「要是我不只買兩台、而是買五台呢？」

- 「要是我留下哈雷機車、賣汽車給你呢？」

問跟時間點有關的問題，也可以挖掘出隱藏的資訊：

- 「要是我想要在六個月內結案呢？」
- 「要是我現在先付五成、明年再付餘款呢？」

你可以因此得到能用於其他談判回合的資訊，而不會因為問直接的問題卻只得到虛假的答案。

設法找出對方弱點，並加以善用

每一位談判者都想占有優勢。一旦你發現對方的弱點，就該善用，同時保護自己的弱點，不讓對方有機可乘。據我所知，川普除了不太喜歡討論瑣碎的細節，在談判桌上幾無弱點可言。他沒有耐心處理不重要的文書工作，喜歡把重心放在大方向上，認為這樣使用時間可以提高效率。這個做法在其他人身上可能是一種缺點，但川普就是這麼做生意的。他有值得信賴、經驗豐富的員工幫他處理細節，只需要跟他們討論重點即可。他能同時專注於多筆生意，不會在任何一筆投入過多心神和時間。**川普是個精明能幹的**

談判高手，他知道自己只要負責見林，至於見樹的工作交給屬下就可以了。我想這便是他成功的關鍵。每一位談判高手都必須學習何時該授權給他人，何時該親自披掛上陣。如果你遇事有疑慮，授權就對了。

大多數人在談判時，不會意識到要如何保護自己才不會被人找到弱點，也不知道應該預防對方採取可能會妨礙成交的生意手段。假設你的弱點是往往不自覺地談論過多的交易細節，而你的談判對象是像川普這樣重視方向、遠景、遠見的人。你明白他對瑣事欠缺耐心，因此能預測到，當你開始討論預測的細節和一頁又一頁的數字時，對方會有什麼樣的反應。

你應該克制自己對細節的熱情，跟對方說：「要討論的小細節太多了，但是我會跳過，因為您的時間太寶貴了。我想跟貴公司負責敲定這些細節的人另外討論，應該找誰呢？」

聽到你這番話，對方很可能覺得鬆了一口氣。然而實際上，這個做法是把對於文件和由誰負責日常決定的控制權拿到自己手上。你已經發現了這筆生意的真正執行者——而這個人不是老闆。

順道一提，有必要授權或以授權為上策時，你必須能信任授權對象的決定。我和川普的關係就是一個絕佳的例子。他信任我。這份信任來自於多年共事，以及他讓我放手去做的意願。他可能只對生意的某個部分感興趣，但是他相信如果有重要的事情，我一定會提出來跟他討論。我必須決定事情重要性的高低。我們曾處理過一筆涉及漫長談判和複雜租約的生意。當時我花了很多時間跟對方反覆推敲細節，川普完全沒有參與這個部分。在整份租約定案之後，我把它拿給川普，說：「在這裡簽名。」川普問：「租金是多少？」我告訴他：「我跟一個難搞的承租人談成了一平方英尺三十五美金的十年租約。」川普說：「太棒了。」然後連看都沒看就簽了那厚達一百頁的租約。他只想知道會收到多少租金。他知道——而且深信不疑——租約裡如果有其他重要的事，我一定會告訴他。他確信像我這樣的人一定會保護他的利益，也知道我會在適當的時限內完成所託。我知道他絕對不會因為文件裡遺漏或出現的小事項批評我。關鍵在於，他知道如果有他必須知情的重要事情，我一定會跟他討論。

細節與期限是一般人常見的弱項

我想，有兩種常見的弱點是各位應該知道的。或許這兩種弱點你都有，但從來不知道原來那是弱點。**第一種常見弱點是無法專注在細節上。**誠所謂「魔鬼都在細節裡」。一般人看到含糊籠統的字眼和詞句時往往逕自詮釋，看不出隱藏在其中的陷阱。例如，文件上常出現「由買方支付一切慣例費用和其他收費」這樣的詞語，由於意義不明確，一旦發生爭議，雙方將各執一詞。你怎麼解讀許多合約常見的「視背面之通常條款而定」？如果你有追根究柢的精神，詳閱了以小號字體印製的文句，你將發現字裡行間提到了泰半不重要的事。然而，或許某人正想利用它們來欺騙你。切記：「前頁以大號字體承諾的，後頁以小號字體收回！」如果你想成為談判高手，請強迫自己逐字逐句詳讀所有相關文件。另一方面，你可以把對自己很重要、但可能不為對方接受的事隱藏在不易啟人疑竇之處。如果對方發現了並向你提起，請以自然的態度討論。不需為自己的小手段低頭認罪。

第二種常見弱點是欠缺設定和謹守期限的能力，這是談判新手的共同特徵。每一筆生意都是從某個特定的時點開始，逐漸累積動能，朝某個確認成交或確定不用再談的日期前進。體育賽事可能只有六十分鐘，全程馬拉松是二十六英里，然而談判不用時鐘計時，也沒有終點線在前方引導你。你只能靠經驗判斷合乎邏輯的完成期限，而你的設定往往會因為談判進度和各種困難而被迫修改。你必須設定自己在每一筆交易上願意花費的時間長度，並採取適當的步驟不讓時間分配超出預期，即使遭遇特殊情況，也只以有限的額外時間加以因應。我將在另一章中示範必要時加快或放慢談判速度的做法。

喬治．羅斯說：耐心挖出對方的談判動機。

1. 有效談判的重點就是找出關鍵人物，了解他們的角色和動機。
2. 一定要檢驗對方釋放的訊息。書面文字也可以檢驗和質疑，即使是一份「制式合約」。
3. 期限會壓縮談判空間，如果有期限壓力，可以向老闆爭取更多時間，但若對方有期限壓力，談判高手就會好好利用，放慢速度，讓談判有利於己。
4. 觀察談判對象的所有肢體語言，你會發現許多對方的弱點，好好利用。
5. 訓練自己專注在細節上，詳讀所有相關文件；同時要學會設定期限，也應謹守談判中定下的期限。

4 為推銷自己來一場華麗的演出

如果你將談判的主要目標設定為賣出你的構想和你本人，那麼你已經贏在起跑點了，因為大多數的人只看數字——價格、收入、支出、財務報酬——忘記除了錢以外，還有許多其他的事跟錢同樣重要。

如果你想要賣出構想，不能只是走進會議室，滔滔不絕說自己想要如何如何。你必須擬定一個策略，設定你在談判過程的各階段以及談判終了時預計達成的目標。

川普的第一項計畫，是將頹圮的船長飯店改造為今日矗立於曼哈頓中心四十二街和列辛頓大道口的君悅大飯店，他為此所進行的談判稱得上最佳的銷售範例。如果你知道該計畫有多複雜，銷售的對象不只有一個人，還包括為數眾多的政府機關、出資人與政治領袖，以川普當年僅二十七歲而言，你就會明白他所完成的，根本是一項不可能的銷售任務。

要真正了解川普的成就，就得先認識計畫的時空背景。一九七四年，紐約市政府瀕臨破產，無法償還公債。房地產的空屋率很高，飯店住房率也疲弱不振，到處都有公司行號被迫關門大吉。多數人將這樣的訊號解讀為靜觀其變的好理由，川普卻在絕望中看見大好商機。搖搖欲墜、空空蕩蕩的船長飯店在紐約市中心占據一個殘破的角落，川普的構想就是把它改造成生意興隆、擁有一千四百間住房的四星級飯店。看在大多數人眼裡，這個想法太好高騖遠了。坦白說，在我第一次和川普見面、聽取他的構想和預計的做法以後，曾對他說我認為他辦不到，因為其中牽涉層面太廣泛了，而且每個相關者都有各自的想法。川普不這麼認為，他請求我的協助，並要我給他一些談判方面的指點。於是，喜歡挑戰別人眼中看似不可能事物的我，這麼對他說：「我們並肩作戰吧。」

川普為了實現構想，必須邀集五個有不同利益和問題的團體，包括：賓州中央鐵路公司（已破產，擁有船長飯店所在土地和公園大道多筆價值不斐的土地，但積欠紐約市一千五百萬美金的房地產稅）、紐約市政府（當時正面臨迫在眉睫的破產危機）、紐約州政府（遭遇財務困難）、一位出資方（擁有紐約市多筆未還債務的債權人）、一家大型飯店連鎖業者（無意在觀光業衰退的紐約開設任何新飯店），以及該建築物當時的承租人。要讓這麼多在不景氣陰霾下遭遇不同問題和利益考量各異的當事人都同意川普的構想，是極為困難的事。我的態度尤其悲觀，因為只要任何一方拒絕接受它從未扮演過的角色，這筆交易就將胎死腹中。

川普打著振興紐約市的旗幟，為他的信念打了一場漂亮的銷售戰。不過，如果想讓這筆交易成功，他還得用低於市價的價格買到船長飯店，說服鐵路公司以一千兩百萬美金的價格立契，將土地出讓給紐約州都市發展公司，並將此所得交給紐約市，充抵部分的滯納稅。他還得建議紐約市將土地長期租給都市發展公司，於是後者可因此免繳不動產稅。這份租約保障了市府的基本租金收入，同時坐享飯店營運的分紅。都市發展公司必須接受土地所有權，鐵路公司才能夠收到一千兩百萬美金，而這一千兩百萬美金讓川普得到市府將通過的一份長期租約，從而憑藉租約上的徵用權從當時的承租人手中取得建物。他還必須借到至少六千萬美金，來支付購買土地和整修飯店的費用。然而在當時，銀行已經把錢借給太多即將倒閉的公司行號了，根本就不願意在既有的呆帳上再添一筆。談判最困難的部分，是讓市府相信鐵路公司將支付的一千兩百萬、飯店住房將產生的稅收、該計畫將創造的數千個就業機會、重返紐約的觀光客將帶來的收益以及飯店營運獲利等各項收入的總和，值得市府免除飯店的不動產稅。

最初，這項計畫似乎根本不可能成功，然而川普憑藉他的人格特質、熱情，以及奮戰不懈的毅力，跨越了一個又一個看似超越不了的障礙，歷經了一次又一次的談判和再談判，終於在兩年多後實現了他的構想。以那份呈交給市府審查的租約為例，我就一共草擬和協商了二十三次。最後，在市長的全力支持和州長的推動下，散落各處的每一片拼圖都找到自己該去的位置，美夢終於成真。新的君悅大飯店於一九八〇年落成，它帶動了紐約的大中央車站區的都市更新，也協助紐約爬出瀕臨破產的窘境，恢復繁榮光景。鐵路公司在公園大道上的地產也因為紐約重現生機而增值。到了一九八七年，飯店開始出現驚人的獲利，市府也共享其成。同年，川普以八千五百萬美金將他半數的飯店股份售予凱悅集團。

在這筆複雜交易的談判過程中，川普展現了許多特質典範，有助於自我推銷或將最終結果的利益推銷給所有關係人。

你的熱情可以感染他人

如果你一開始就把自己想成推銷員，那麼你就已經踏出有效談判的第一步了。熱情是有感染力的，它能鼓舞他人，就連原本反對你的人也不例外。

如果川普對自己的船長飯店計畫沒有熱情，就無法說服我與他共事。說服其他人和他合作的，正是他的熱情。他不只對這筆生意的報酬懷有澎湃的熱情，也確實相信跟他合作的每一方——特別是他深愛的紐約市——都將獲益匪淺。為了推銷自己跟他的構想，川普想出了一個天衣無縫的策略；只要每一方都同意扮演川普分派的角色，這個策略就一定不會失敗。跟政府官僚體制打過交道的人都知道，要他們擺脫「我們不這麼做事」的心態有多困難。為此，川普請人做了廣泛的可行性研究，讓當局了解其財政的嚴重程度，並且相信他的計畫能解除危機。川普發揮滔滔辯才闡述信念。他認為，破敗的紐約市中心將因為新的房地產投資、都市更新，以及吸引觀光客和商業活動重回紐約心臟地帶，而再現生機。在今天，任何造訪過大中央車站和所在地區的人都能明白川普的遠見多麼具體、多麼確實可行。然而在一九七〇年代中期，沒有人相信紐約能力挽狂瀾。川普的無比熱情給了紐約一個擺脫劣勢的契機。

要不是川普對自己的想法深具信心，這項計畫早就在談判的過程中四分五裂了。事實上，當時各方提出的法律問題多如牛毛，橫亙前方的障礙多不勝數，反對和負面的聲浪此起彼落，致使許多複雜的談判停滯不前、最後破裂。許多談判之所以破裂，往往是因為沒有參與的熱情，或是因為關鍵人物欠缺把構想推銷給其他人的能力；而川普最擅長的事就是把所有利益關係人留在談判桌上。

如果你能建立關係，就能做好生意

我總是對別人說：「錢只是談判的一部分。」多數人只想著自己能有多少獲利，而且認為只要價格談得攏，其他一切好辦。要是你這麼想，就大錯特錯了。價格只是交易的一部分。你還必須在談判過程中跟對方建立個人關係，因為交易的結論是雙方一起下的，由結論衍生的各項談判也必須由雙方共同完成。**你透過和其他人之間的連結，把自己推銷出去。**

川普能夠推動船長飯店計畫，是因為他在關係的建立上投入了很多時間——這是最大的關鍵。賓州中央鐵路公司的決策者維克多．巴米里就是很好的例子，川普從來沒見過他，但還是去電詢問是否能跟對方談十五分鐘。後來川普不僅見了面，還在很短的時間內說服巴米里，只要鐵路公司和市府都簽署他所構思的協議，就能創造雙贏。他們達成了堅定的合作關係，巴米里幫忙說服市府跟川普合作。要知道，兩人初次見面時，川普並沒有顯赫的成就為自己背書，而巴米里也沒有理由相信川普有能力完成他說的計畫。是川普建立了這樣的關係，他讓巴米里相信兩人可以攜手努力，從而贏得了一位重要的盟友。

即使是小額投資客，這個與交易對象建立個人關係的川普策略仍能派上用場。例如，如果你需要得到貸款來買投資用的房地產，請你去找做決定的人聯繫，並且投入時間和心力跟他建立關係。這麼一來，你得到有利決定的機會就比較大。你不再只是諸多申請者中的一個名字，你將成為對方熟識的「人」，此間的差異至為重要。

人在談判時會很自然地懷疑其他人說的話或做的事；如果事情跟錢有關，還會懷疑他人的動機。如果對方劈頭就對你說：「我會幫你賺很多錢。」那你的疑心就更重了，因為不相信對方是很自然、本能的事。

許多談判者認為他們必須做出承諾才能說服對方，但實際上，一開口就做出承諾並非上策。建立關係、找到共同點，讓對方相信他所往來的對象具備端正的品格，才是說服的起點。只要你做到這一點，就不用向他們推銷「你會幫他們賺錢」的想法。有了關係和信任，事情自然水到渠成。

建立關係的一個有效方法，是設想你跟對方往後還有更多交易，而這次談判是你們踏出的第一步。太多人只想著趕快把約簽好，然後去做下一件事，至於談判的過程當然是愈快愈好。然而，如果你已經建立了為人正派的好名聲，那麼，你跟其他人接觸的經驗都將是正面的。往後當你再碰到他們，或是遇見他們認識的人，好名聲都將助你一臂之力。

練習表演技巧，推銷自己的構想

許多談判者都面臨同一個課題：如何用最好的方法傳達構想，讓對方相信是合理和可靠的，從而全盤接受。要做到這一點，就不能忽略基本的表演技巧，並在不斷嘗試中找出最有效的推銷辦法。川普是一位才華洋溢的表演大師。他不只是展示詳盡的圖表和引人注目的照片，提出結構嚴謹又驚人的論證，或讓人產生高度興奮感而已。天花亂墜和表演技巧是兩碼子事，不可混為一談。

以船長飯店為例，川普知道自己年僅二十七歲、沒有土地開發經驗，若要贏得各方信任並取得完成這筆生意必需的數百萬美金貸款，將遭遇重重困難。因此，他僱用了廣受敬重的紐約房地產中介人亨利．皮爾斯，在政府機關的決策者和貸款人面前經營傳統智慧和保守價值的形象。川普和皮爾斯在談判桌上比鄰而坐，不時聽取他以溫和語氣提出由多年經驗累積而來的智慧建言。這麼一來，無論川普提出任何構想，都很容易說服對方。要別人相信一個沒經驗的二十七歲毛頭小子並不容易，但是，請房地產界備受敬重的人物坐在身旁的做法發揮了背書的增值作用，或許也讓參與談判的其他人認為皮爾斯為川普的能力掛了保證。運用皮爾斯這樣的人正是一種表演技巧，而不是胡搞宣傳。

川普也知道，如果他想成功地讓陰暗破敗的船長飯店被驚人地改造為嶄新摩登的君悅大飯店，就必須充分發揮表演天賦。他構思了一個以玻璃和青銅為材料的建築正面，來表現大中央車站的恢弘氣度，還找來知名的建築師德爾史克特營造出絕佳的視覺效果。他知道，要說服市長相信他能把一個有礙市容的眼中釘變成現代化的豪華飯店絕非易事，因此，他請人製作了昂貴而精密的建築示意圖和模型送給市長。川普向德爾史克特表示，他要別人在看到示意圖和模型時有「川普連繪圖都很捨得投資」的感覺。川普知道讓人眼睛一亮的知名建築師作品能掃除疑慮，而後來的結果也證實了他的想法。

表演的方式很多，不一定得僱用建築師替你的構想繪製精密草圖。但如果你打算向某人展示產品或構想，專業的視覺或聽覺呈現絕對有加分效果。

你也可以用其他方式發揮表演才能。例如，拜訪出資人時要穿著得體，給對方留下好印象。如果你要跟大型銀行談貸款，請穿昂貴的套裝配絲質領帶——你愈讓銀行認為你不需要錢，他們就愈想借錢給你。如果你跟某人約了在高爾夫球場上見面，請穿適合球場的服裝。出門前先問清楚服裝規定，就能避免尷尬的場面。第一印象往往最持久，因此，你得用心想想自己要給他人留下什麼樣的印象。

談判前一定要先做好準備

在談判之前，聰明的人會做好萬全的準備，以便讓自己的言論留下自信、可靠、有說服力的印象。對方當然不用知道你花了多少時間準備。

每當我遇到完全不做準備或準備不完全就開始談判的人，總覺得無法置信。會議開始了，但該做的研究他們沒做，該定的時程表他們沒定，該排優先順序的論點他們沒排，甚至連開會的目標是什麼都還沒想好。做了充分準備的你，和毫無準備的對方，你認為誰在談判中比較占上風呢？

川普在上談判桌之前，一定會花很多時間要自己和團隊成員做好準備——大生意如此，小談判也是如此，他一視同仁。他知道，準備得愈多，意外情況就愈少。他不喜歡在談判時有「要是事先做了更充分的準備，就可以先提防」的感覺。在對方面前展現自信，事先反覆考量整椿交易，針對所有可能發生的議題準備答案等等做法，能幫他把自己的想法推銷給對方，因此他極為重視。

如果你有東西要賣，不妨運用表演技巧和事先的準備，去預測潛在買主可能會對什麼有好感。你應該盡量運用價格、益處或功能的比較，凸顯自家產品的優點。

大多數人只願意花最少的心力談判

一位名叫齊夫（Ziff）的研究員進行了一項大規模的實驗，得出了這樣的結論：大多數人只會花費談判所必須的最少心力。這項結論其實已經把最佳的談判方式告訴各位了。你可以自問：「如果我是他們，我想要什麼？我會想要對方回答哪些問題？」在開始談判之前，你要先替這些問題找到滿意的答覆，剩下的事情就由齊夫的最省力原則接手。當對方在你的引誘下產生了錯誤的安全感，他們便會全盤接受，不會再逐一確認話語的精確度。

川普團隊談判時，會在適當時機替對方簡化一些事情。川普有本事在事前做好準備，讓對手明白如何快速有效地進入談判的關鍵。例如，**如果他想讓投資人有意思跟他一起做生意，他會要財務人員針對不同的情境準備不同的數據。**他從中選出他最喜歡的，以作為簡報內容的基礎。接著，他會在報告頁面的最下方寫上大大幾個字「投資回收率：每年二〇％」。因為這些字是他親手寫的，大多數看到的人都會把注意力集中在這二〇％而忽略了細節。川普的直覺告訴他，太多細節只會讓一般人倒胃口，讓他們覺得：「這筆生意對我來說太複雜了。」齊夫的最省力原則告訴川普，人們只對結論感興趣。只要快點讓他們看到結論，就能成交。聰明的準備加上適當的呈現，可以將對方的答覆從「也許」移動到「OK」。如果他們想再回頭看看，自行檢查數據或交給財務顧問檢查，也都沒有問題，因為川普早就做好準備了。而且，川普寫在報告最下方的那句結論仍是關鍵。如果對方請顧問看文件，他會這麼告訴顧問：「幫我好好看看這些數據，我覺得這筆交易挺不錯的。」

我曾利用齊夫原則為一位客戶創造了一筆意外之財。當時他正在蓋新大樓，為了容易籌措資金，希望能證明自己的年度現金流量不會隨著地產所有人每年應付的房地產稅而發生波動，也就是有固定的年度現金流量。他問我能不能幫他解決這個問題。典型的租約規定，在租約生效後的第一年，地產所有人支付之稅金以外的增加稅額部分由承租人支付。承租人的律師以前沒見過這種條款，於是我說我會重寫租約，想辦法讓他們接受。客戶想把那棟建物的稅率降至每平方英尺六美金。我想承租人的律師會質問這個數字，因此我請人調查了該地區類似建築的所有人支付的稅額。以三十多棟建築物為對象的調查結果顯示，所有人平均負擔的稅率是每平方英尺五美金到六點五美金之間。然後，我列出了十五棟稅率不超過五點五美金的建築。當對方律師質疑我提出的新概念的公平性時，我將這份列表拿給他們看，並表示，我的數據顯示該地區的平均稅率為每平方英尺五到五點五美金，既然不超過六美金，所以他們的客戶一毛錢都不用付。接著，我就等著看齊夫的最省力原則發揮效用了。我認為對方不會有時間和心力另外進行調查，而情況也確實如此。我知道他們會懷疑我的說法，因此在那張為他們量身訂做的表格上，特地清楚標明了每一棟建築物的地址、面積、屋齡，以及每平方英尺的稅率。凡是看過的人都會說上面的資訊正確無誤。所以，每一位承租人的律師都告訴客戶，說我的構想確實讓他們省了一筆稅。後來，當市府把頭一年的稅率調至每平方英尺十美金時，那些律師就得硬著頭皮去跟客戶解釋那多出來的四美金稅率。他們當時如果做了該做的功課，或許就能省去後來的尷尬。

談判前應該做好準備，盡可能掌握事實、蒐集資訊，以便提早進入談判狀態。例如，如果你打算買個甜蜜的窩，就得把你的理想地段過去一兩個月內成交的類似案例打聽清楚。如果你想買部四輪的代步工具，就請上網了解經銷商的成本。做好你該做的準備功課，因為這麼做好處多多。別讓齊夫的最省力原則成為你的阻礙。逐一檢查你接收到的每一項資訊，看看它是否完整。請你當齊夫原則的少數例外。

不屈不撓推銷自己的構想

沒有一個完成交易的人會抱怨他的談判對方「太有毅力」。他也許會不甘不願地讚美對方堅持達成計畫、目標或交易，但是不會有人把毅力當作負面的特質。如果你真的想把你和你的構想推銷出去，就請拿出不屈不撓的毅力。

如果川普不曾固執堅持了兩年，船長飯店就永遠不會定案。要完成這麼高難度的交易，需要極大的決心和毅力，而這些特質是大多數人不願意投入或認為不需要培養的。但是，如果你真的很想成功，毅力絕對是個必備條件。如果你輕言放棄，又如何到得了目的地？

事實上，川普最成功的交易，都是他憑藉毅力、克服困難的談判所完成的。他曾以非常便宜的價格買下某些房地產，因為其他人都認為這些房地產有問題，自己無法克服。毅力加上知人善任的能力，讓川普得以突破重重難關。

當各方針對船長飯店展開談判時，市府想知道川普打算找誰來負責飯店的營運。他們理直氣壯地質問：「川普哪知道一流飯店該怎麼營運才會獲利？」答案是，他的確對如何經營飯店一無所知。而這成了他的大障礙。他一天無法確認飯店的經營者，市府就一天不理會他的提案。為此，川普施出渾身解數，想盡辦法說服君悅替他管理飯店。當君悅得知川普創造出的這筆生意利潤極好，他們堅持要擁有五成的股份。君悅是整樁交易的最後一個重要環節。有了君悅負責飯店的營運，貸方在資助計畫時便感到放心，而市府也對未來可觀的租金相關收入感到滿意。

要做成功的談判者，就得投入必要的時間和心力，把自己和自己的構想推銷出去。雖然讀者面對的交易不太可能像川普的船長飯店計畫那樣複雜，但是基本的談判概念——表演才能、熱情、準備、齊夫的最省力原則，加上百折不撓的毅力——確實能夠幫助各位累積談判優勢。

喬治・羅斯說：談判之前，先設定正確目標。

1. 談判前必須擬定策略，設定談判過程的各階段及談判終了時預計達成的目標。
2. 一定要檢驗對方釋放的訊息。書面文字也可以檢驗和質疑，即使是一份「制式合約」。
3. 錢只是談判的一部分，不是全部。
4. 談判高手會做好萬全準備，從言論、自信都能展現好感度。
5. 人們只對結論感興趣，只要讓他們快點看到結論，就能成交。

5 利用期限控制節奏取得談判主導權

在談判中被帶著走而倉促成交是錯誤的。就算是樁好交易，**談判的速度和進度也應該是由你來決定、根據你的時程表和談判策略，而不是由對方主導。**川普比誰都清楚這個原則。他想買下華爾街四十號，但是和地主的美國代理人打交道時卻一直受挫。於是他知道自己一定得親自飛一趟德國，跟地主──某廣受敬重之富裕德國家族的大家長──建立合作關係，這樁交易才能拍板定案。他必須說服地主修改地面租約（譯注：地面租約是只租出土地而不允許租賃者改造的土地租約）。川普希望簽訂一份彈性的租約，讓他能大刀闊斧地整修，並視需要將一部分建物改作住宅用途。這是個很有遠見的想法，然而該建物風風雨雨的過去卻阻擋了川普的去路。多年來，它未曾獲得妥善的管理，還曾經歷過破產，不論是營運和現金流量都很不理想。這棟位於紐約的辦公大樓空屋率高達九成，成了管理層的燙手山芋，因此，川普在仔細研究過這位有著數百萬美金家產、名叫瓦特・辛納寶（Walter Hinneberg）的德國籍地主之後，認為對方應該很想交給別人管理。川普想讓辛納寶相信他會是理想的承租人：他承租之後會大規模地整建、修繕，使大樓恢復昔日的宏偉，並因此增值。為此，川普準備了許多照片和計畫書給辛納寶看，讓對方知道該大樓將如何變身為地主引以為豪的傑作。

你可能會認為川普急於開展這項大刀闊斧的改建計畫，所以會想盡快拍板定案。然而川普很清楚，在當時的情境下——跟人不在美國且與前幾任承租人有過不愉快經驗的屋主重談租約——他得放慢腳步，用心經營與對方的和諧關係，取得對方的信任。川普親自飛到德國拜訪的舉動，給辛納寶留下了很好的印象，兩人一見如故。由於承租人仍必須透過辛納寶的美國代理人進行談判，因此川普知道他得打贏這場費日曠時的持久戰，才能得到他想要的。後來他花了整整一年的時間才把交易內容調整為他能接受的樣貌——包括重擬一份在整修期間有租金優惠的地面租約，以及在完全保護地主權益的前提下得到他所需的彈性，讓他放手去做。如果川普急著成交，說不定就永遠無法成就這番事業了。

速戰速決型談判容易遺漏重要細節

速度過快的談判往往最終有人會失意，因為人們容易在倉促間遺漏重要的細節；但這個人不應該是你。再者，過快的進度很有可能讓你得不到最佳交易成果，因為你沒有足夠的機會去尋找其他交易可能。滿足雙方的自我意識是談判成功的要件，而它需要時間，這也是談判需要慢慢來的另一個理由。換句話說，你得花時間跟對方在一起，以真誠的態度了解他們，明白如何讓他們感到滿足。倉促的行動等於是發出相反的訊息，告訴對方你對他們的個人感受沒有興趣，只在乎生意能否談成。在對方身上投入時間則給人留下真誠的印象，表示你確實很想知道他們有何想法，並試圖滿足其願望。這麼做也給了你蒐集有用情報的機會。當你提出問題、蒐集背景資料、了解對方的個性之後，你就能找到他們的動機、興趣與目標，透視他們的「自我意識」。這一切就能幫助你以有效的方式跟對方談判，從而得到皆大歡喜的結果。

控制速度不代表不應該加速。在很多情況下，特別是發現對方已經因為你的穩健步伐而顯露弱點時，你可以加快速度來提高自己的談判優勢。如果你看到了對方的弱點，卻只對他說「有空請回覆我」，那可就讓大好機會平白溜走了。聰明人會把握時機加快速度，會跟對方說：「我兩天內就得知道答案，否則我就要另尋出路了。」

現在，我們來看看相反的情況。如果對方來找你，要你在兩天內給他回覆，你會怎麼做？如果他催你，你說不定應該選擇放慢速度。你可以問：「為什麼是兩天？我手頭上還有其他事情在忙，可能一週內都沒辦法回覆。這樣行嗎？」你並未拒絕對方提出的兩天期限；你只是在探試這個期限的真實性，看看對方是否隨口說說。若是後者，那麼對方就會接受較長的期限。

「人慢我快、人快我慢」的戰術不只能幫你取得談判的主控權，還能幫你達到特定目的。一旦我方取得主控權，就有機會分析對方如何因應速度的變化。我可以改變速度以觀察對方的反應，如此一來，就能在不透露自身立場或談判模式的情況下，一窺對方在談判立場和技巧上的強項與弱點。

每當我加快或放慢談判速度時，一定會分析對方的反應。他們很快就同意了嗎？有沒有不高興？接受我的建議時，他們說的是「好吧」還是「沒問題」？是否流露出失望的表情？我從觀察中得到對手的許多情報。要加快或放慢談判速度，取決於哪一種在當時可以增加你的優勢。但如果你不確定，請選擇放慢速度。

控制談判速度的三種方式

我用以下三種方式控制談判速度：

1.絕不當場接受任何提議。克制當場接受的衝動。切記：一定要讓雙方皆大歡喜。弔詭的是，人們對於容易到手的東西往往不知珍惜；他們會認為，如果自己更努力一點，應該會得到更多。要是對方這麼想，你就麻煩大了。

成功談判有一項基本準則是，你必須讓對方心中產生滿足感。你要讓他跟你談完之後會想：「談得很艱難，但我得到想要的，幹得很不錯。」這就是滿足感。它需要你花很多時間，雙方互相付出不少，但最終會有好結果的。

2.表現出猶豫不決。我的意思是，可以在談判中適時表現出猶豫不決的態度來控制速度。你可以說：「這件事我不太清楚。我得先想想，再給你回覆。」藉此推延達成共識的時點，並最大化我所謂的「時間投資原則」。簡言之，此原則是說，人花在交易上的時間愈長，就愈難放棄這筆交易。投入的時間強化了完成交易的欲望。

人們不喜歡花了很多時間卻沒達成結論，這是人的本性。你可以利用猶豫不決的手段向對方索取需要費時準備的資料，從而增加對方在交易上投入的時間或金錢。實際上，談判者投入談判的時間，就跟投資人投入市場的金錢一樣：有投入，就會期望有報酬。你不會想要雙手空空地起身，離開談判桌。

3.絕不速戰速決。這個原則實在太重要了，值得我再三強調。速戰速決的交易總會讓某一方不滿意。川普式談判的目標是創造皆大歡喜的結果，而非一方贏、一方輸的倉促談判。

如果你別無選擇，非得速戰速決不可，請務必做好萬全的準備工作，對談判的了解一定要超過對方。這是保護自己不在速戰速決的情況下受到傷害的唯一辦法。倉促快速的談判無法讓雙方感到滿意，無法因此建立長期的信任和友誼，更無法為未來的談判打好基礎。

九成的交易在最後五分鐘才定案

充分掌控談判速度是一個理想，因為可能會有期限無法更動的限制，使事情無法盡如人意。當然，如果你知道對方是在某個特定的時間範圍內作業，而且很想談成生意，那麼你只要將達成共識的時點往後延，等到對方因為日益迫近的期限而承受壓力時，你就能輕鬆取得談判的主控權。如果你對某一點有意見，不妨等到最後再解決。當期限日益迫近，一般人會覺得：「我現在非得做出點成果不可。」他們很容易因為這種沮喪而做出平時不可能做的讓步。

人不喜歡期限，因為人到了這種時候都很脆弱、容易受傷。期限是一種壓力，多數人在壓力下都做不出好決定。請切記，如果對方處於期限的壓力下，就等於處於弱勢。他們覺得一定要在期限之前完成交易，你卻不這麼覺得。當然，你也想談成交易，但讓期限加諸對方可以增加你的談判優勢。

多年前，我讀過一份關於人類談判傾向的實驗結果。研究人員設定了一連串的模擬談判，並且提供微薄的報酬和一份免費餐飲，邀請各行各業的人來參與。在談判開始之前，研究人員將談判能力不一的參與者分成兩組，並對他們表示，有一家藥商引進了一種帶有多種副作用的新藥，吃了會讓人心浮氣躁、視力模糊，甚至導致失明。

在模擬談判中，一半的參與者是代表因為服藥受傷而向藥商提出告訴的索賠者。研究人員告知他們，藥商通常會支付的平均和解金額是一百萬美金。剩餘的參與者則代表藥商，他們的目的是讓索賠者接受盡可能低的和解金額。研究人員說他們只有不多不少一個小時的時間達成和解，還說每十分鐘會響一次鈴，同時宣布剩餘時間。在最後的十分鐘，則是每分鐘都響鈴並報時。如果雙方無法在指定時間內達成和解，就會被視為無法打破的僵局。模擬談判結束後，參與者必須填寫一份詳細的問卷，交由研究團隊進行分析。

這項實驗得到了許多有趣的結論，其中之一是有大約九成的和解是在最後五分鐘內敲定的。這項結果印證了我先前提及的自身經驗：人們想要成交，但往往要到期限屆臨時才會拍板定案。多數人認為無法達成協議就等於失敗，而達成協議——就算它不完全是你想要的——就是一種成功。

既然知道了期限對談判生手的影響，請讀者閱讀下列四點方針，並納入談判錦囊：

1. 人往往快到期限才達成共識。 這麼做的理由之一，是想達成交易；理由之二，則和時間投資原則有關。人們討厭自己投入的談判時間白白浪費的感覺。

2. 除非有促成或扼殺談判的強制性理由，否則交易過程通常很迂迴。 如果沒有強制性的理由要各方完成協定，大家通常只會討論再討論，沒有人會急著達成決議。但是事情總是必須在某個時間做個了斷。為了己方的利益，你必須採取一些步驟來推動決議。在那之前，請盡一切可能誘導對方花費大量的時間和金錢尋求解決之道，與此同時將己方團隊的費用控制在最低範圍內，不要陷入時間投資原則的陷阱裡。

3.**最糟糕的期限是自己設的。**有些人認為替談判的結果訂一個期限能讓自己得到主控權，實際上恰好相反。有期限在身的一方會承受壓力，平白讓對方占上風。有鑑於此，請不要讓己方團隊的人替你設定談判期限；也不要讓對方團隊知道你必須在某個期限之前完成交易，除非這麼做能夠讓他們幫你達到你要的結果。如果你想加速談判、給對方壓力，就請你給他們一個想像的期限，然後你可以隨意更動。

4.**檢驗每一個期限，確認它是真是假。**有些人會在談判時跟你說：「要是這筆交易在一星期內談不成，就免談了。」你的任務就是辨別這句話的真偽。你可以這麼反應：「太可惜了，接下來的十天我都不在本地，為什麼不能等我回來之後再談呢？」

如果對方開始動搖，那麼他們說的期限顯然是編造的。如果他們給了你一個合理的解釋，說明期限有其必要，你就得到了一項有價值的情報。說不定你該打道回府，看看他們會不會讓你走。你也應該檢測己方所設的期限。如果貴公司總裁派你去談判時對你說：「我在四十八個小時內就必須知道答案。」你可以問：「請問期限這麼短的理由是？」聽過他的解釋之後，請你判斷合理與否，並決定是否接受，抑或提出更進一步的問題。

設定預計完成日的關鍵路徑

參與談判時，一定要替自己打造一條「關鍵路徑」。它起於談判開始日，終於某個你合理預測的成交日或破局日，也可稱為「極限日」。請你在規劃時依照適當的順序設定個別的里程碑，以及達成這些里程碑的每個步驟，同時填上預定的完成時間。一旦談判真的必須在某個期限內完成，你原先設定的期限就變成「極限日」。

例如，我有一輛車，租約到十二月三十一日截止。屆時我必須弄到另外一輛車，或是在該日期之前延長租約。所以，十二月三十一日就是我的極限日。我接著看今天是幾月幾號，假設是一月一日，那麼在極限日之前，我有十二個月的時間完成任務。在我開始認真談判以前，我得先搞清楚自己想要什麼樣的新車；我想這件事頂多一個月就可以搞定。促銷方案通常從六月開始，因此我替自己的關鍵路徑所設的起始日是五月一日，先找出新車要具備的性能和配備，接著在六月一日之前開始認真談判。

在六月一日之前，我得進行一些預備工作，包括研究相關成本和相對價值，決定要去哪些經銷據點看車等等。我必須用刪除法逐步鎖定目標車款和廠牌，並且決定預算。如果做這些事情需要超過三十天的時間，那麼我會把關鍵路徑的起始日提前到五月一日之前。

假設我能成功地談成一筆新車交易，那麼在自設的極限日之前，這項談判應該在何時完成，才能解決我目前的租車計畫呢？如果我打算還車給租車公司同時再買或租一輛新車，這個時間點就很容易決定。但如果我決定向不同的經銷商買或租新車，時間點就複雜多了。因為設定可行的關鍵路徑時，必須同時考慮各種替代方案，所以要針對每一個可能的情況設計不同的關鍵路徑。學習如何擬定關鍵路徑的過程能幫你整理思緒，釐清完成特定任務所需的各個步驟。關鍵路徑的設計是一門藝術，也是每一位談判高手的必備技能。

利用延遲戰術增加談判優勢

除了要面對談判中必然會有的期限，你也必須知道意料之外的延遲其實是無法避免的。**只要情況適當，我就會使用延遲戰術來增加自己的談判優勢。**如果你努力讓整個談判過程循著你的關鍵路徑，對方卻有意延遲，那麼你該怎麼辦？此時，你得在他們腳下「搧風點火」，讓他們走快一點。這把火可能是降低價格、交易損失，或是在他們在想要改變的時候讓改變發生。我把延遲當作一種談判戰術來使用。例如，如果我認為對方急需用錢，我就會放慢速度。這麼一來，對方可能會怨聲載道，對我說他們真的需要快點拿到錢。這就給了我重新談判的機會，讓我把速度換成錢。如果對方無法忍受延遲，那他們的唯一選擇就是給我一些東西，讓我再次加快進度，再不就會威脅我說這筆交易就此免談。每一場談判都有看不見的期限。談判從某一個時點開始，緩慢而曲折地進行了一段時間，最後可能得到成功的結論，也可能無疾而終。在經歷很多談判，累積了廣泛經驗後，你會很自然地擁有一種直覺，知道談判是否正以適當的方式和速度朝著你想要的目標前進。

經常檢查談判行程，練習加快或放慢的技巧

延遲的發生，通常是因為參與談判的人很多，而其中一位關鍵人物的行程滿檔，無法在某個日期現身會場所致。如果事先不知，你就無法掌控這種連會都開不成的延遲。

你應該事先確認所有參與者的行程表，做好規劃，避免延遲的情況發生。如有必要，可以推延期限或請無法出席者找代理人替他完成交易。

所有的談判戰術就只為了成交的一刻，不能因為事先規劃不良所造成的延遲而功虧一簣。如果發生這種事，每個人都會感到沮喪，不但白白浪費了金錢，甚至扼殺了一筆生意。因此，如果你參與多方之間的談判，請你不厭其煩，經常檢查是否有任何與行程相關的問題。這會影響雙方的談判方式；你也可以把它當作一個加快或放慢討論速度的機會，善加利用。

運用期限和價格的平行軌道

在談判中，很少只有一個對的答案或結果。通常只要你努力找，就找得到可行的解決方案。如果你能在已經進行的A計畫之外另擬一項B計畫當備案，那麼達成滿意結果的可能性就會更大。你可以提出平行軌道作為替代性的期限、價格，或者其他重要談判事項的選項。我曾經比較過九十天內支付五十萬美金和現在立刻支付四十萬美金這兩個選項，也就是包含價格和日期的平行軌道。你在房地產交易中可能見過類似的安排。買方可能跟賣方說：「如果你支付我的過戶費，我就不砍價。」要買家具的人也可能對銷售員說：「如果你明天能送到，而且不收運費，我就付這麼多錢給你。」

平行軌道的優點在於開放不同的解決方案，揚棄了「不二價，要不要一句話」的做法。它跟預先精心設計的關鍵路徑也能契合。平行軌道是關鍵路徑的變體，它提供多個不同的觀點，確保交易的可行性。

莫非定律也會在談判中出現

您一定還記得莫非定律吧——「只要是會出錯的事情，總會在最糟糕的情況出錯。」這條定律也適用於談判。

延遲可能是雙方為了各種理由而造成的，也可能是由外部因素引起的。例如，假設你跟某人正在談判買房子。你跟賣方已經達成共識，同意了交屋日與喬遷日。賣方有個投資機會，需要賣掉房子換取你的現金。突然之間，房子起火燃燒，成了一堆廢墟。這是莫非定律的一個例子：不但買賣不成，而且改變了情勢。人算固然不如天算，但是，如果你之前已經花了一些時間跟對方建立互信，大家就能一起想出辦法來克服無法預見、卻可能出現的各種障礙。

把僵局變優勢

何謂僵局？當雙方無法透過討論就某些要素達成共識，並因此停止談判時，他們就陷入了所謂的僵局。一般民眾和談判生手害怕僵局，這種反應在談判中是很普遍的。在他們眼中，僵局等同失敗，而失敗正是他們最恐懼的。其實，僵局隨時都可以打破，我稍後會親自示範。既然你可以隨時打破僵局，就可以利用對方對僵局的恐懼來營造自己的優勢。如果你願意在某個時點接受僵局，你在談判過程中就具有特殊優勢。當你因為談判各方意見不一致而表達出停止談判的意願，你就對其他人施加了很大的壓力。大部分的人並不知道僵局是可以打破的，也不知道重啟討論的方法一定找得到。

讓你願意啟動僵局的可能原因很多。第一，向對方展現你對於自身立場的決心和信心。第二，檢驗對方對於他們的立場是否具有相同的決心和信心。第三，確認對方是否可能為了讓你重返談判桌而做出任何額外的讓步。第四，僵局讓己方的人知道情勢已經走到盡頭了（讓他們知道能談的你都談了，無法再贏得更多）。第五，僵局會改變談判步調，可藉此增加你對談判的掌控。

僵局的有用之處，在於讓你看清楚對方的立場，並且凍結談判。我可能會跟對手這麼說：「如果你不願意支付一萬美金，這筆交易就談不成，我現在就走人。」如果對方立場堅定，我就得走。我們之間的談判不見得已經告終，因為僵局是可以打破的。但我也已經得到情報，明白對方願意為了一萬美金犧牲交易。僵局釐清了我的立場，也釐清了他們的。

如果對方是在時間限制內進行談判，僵局對他們而言就等於災難。由於對方非在時限內採取行動不可，因此，如果你願意設計一個僵局，就能為自己創造很大的優勢。對方可以任由交易落空，不管已經投入了多少情感和金錢成本；或者，他們可能願意做出額外的妥協，以交換你修正立場的意願。

當你以僵局作為策略時，一定要常保微笑，表現出和善親切的態度。只要讓對方知道你就是沒辦法照他們的要求做即可。這麼一來，如果你想重返談判桌更動立場，就不至於太尷尬。例如，你認為跟第三者談可以要到更好的條件，所以宣布交易陷入僵局。但你後來發現第一個提案其實才是最好的，你會想要回到談判桌上和第一個對象重啟對話。絕對不要說出「就算全世界只剩下你這個人，我也不會跟你做生意」之類的話自絕後路。請你說：「好好想想吧。如果你改變心意，打個電話給我。」

如果自家人在談判後批評你，你可以製造僵局來增加優勢。例如，假設你想要買一棟房子。在談判後，賣方要價四十萬美金，你覺得沒辦法再談到比這個價格更低的價格了。不過，萬一你家太座說：「我們出三十五萬美金的價錢，賣方會接受的。」你該怎麼辦？

在這種情況下，我會跟賣方說：「我最多只能出三十五萬美金。」賣方說：「我已經跟你說我要賣四十萬美金，不能再少。如果你不能接受，那麼我就賣給別人。」

這麼一來，我已經檢測過賣方的立場，而我的妻子現在也已相信我們如果要買這間房子，就得支付四十萬美金。

大機構害怕僵局

跟大機構打交道時，僵局對你有利。明白了這一點，就等於得到了一個談判優勢。大多數人相信規模大的公司在談判桌上占盡優勢，其實不然。任何一家大公司的交易決定都必須經過層層審核。大公司就好比一艘體型龐大的遠洋輪船，一旦開始朝某個方向航去，就很難掉頭。大公司厭惡僵局，因為這麼一來，公司主管所批准的交易將中斷，必須重新召集決策過程中的各方人員。僵局把相關人士綁住，不讓已獲批准的交易繼續前進。如果你在談判時知道這一點，就能讓比你規模更大、更富有、更具影響力的談判者讓步。原因很簡單：他們拉不下臉來，不想硬著頭皮回去跟主管解釋交易為何脫軌。

假設有一家大型開發公司正計畫在有眾多地主的一片區域蓋房子，而其中兩塊關鍵土地為你所有。開發商已經跟其他地主都談妥一個很不錯的價格。但是你知道，基礎道路建設和各種設施一旦完成，此區域裡的土地將大幅增值。雖然價格已經講定了，你還是跟對方要求更多錢，製造了僵局。你的僵局是有效的，因為你知道開發商跟市府、承包商、供應商與貸方都訂下了各項進度的期限。如果你堅持立場，就一定會得到重新談判的機會。不過，我得要給你一個警告——小心，千萬別過分高估你手上的牌。

打破僵局的三個方法

僵局是可以打破的，雖然人們總以為僵局的存在代表整樁交易告吹。他們想錯了。以下就是幾種打破僵局的方法。

方法一，把導致僵局的因素擱置一旁，先討論其他議題。例如，你可以說：「假設我們已經講定價格了，那麼還有什麼要討論的？」對方通常會願意將棘手的問題放在一旁，把注意力放在其他容易解決的問題上。這麼一來，你們已經重啟談判，氣氛也和緩了下來。一旦枝微末節的事情都處理完畢，你就可以適時地說：「好啦，所有其他的事情都談好了，我們來決定價格吧。」隨著僵局而來的敵意已經消失，只剩下有利於雙方溝通合約的環境。如果你想要打破僵局，不妨先天南地北跟對方聊聊，就是不要觸碰造成僵局的議題。

方法二，向對方做出一個或兩個以上的小讓步，接著要求對方做出對等的讓步。任何進一步的討論都將重啟談判。

方法三，「檯面下作業」。試著打開跟不同或更高層次的人一起解決問題的途徑。由於僵局發生時這些人並不在場，因此他們可能較有意願擔任和事佬。

要想打破僵局，就得拋下自尊、壓抑怒火、放棄堅持己見，把常出現在談判競爭階段的態度問題通通擱在一旁。如果你洞悉人性，應該就不難找出結束僵局的方法。在下一章，我們將更深入探討人性，以及駕馭人性的談判成功之道。

喬治・羅斯說：談判中被帶著走而倉促成交是錯的，談判的速度和進度應該由你主導。

1. 人們容易在倉促間遺漏重要細節，而無法得到最佳的交易成果。
2. 「人慢我快、人快我慢」的戰術能幫你取得談判的主控權。
3. 規劃談判的「關鍵路徑」，設定個別里程碑，以及達成這些里程碑的步驟，並填上預定完成的時間。
4. 談判往往要到最後期限才會出現結果，如果你對某一點不滿意，可以放到最後才談，爭取更有利的結果。
5. 僵局有助釐清雙方立場，談判高手更應懂得設計一個僵局，為自己創造優勢。

6 談判始終不離人性

決定交易如何完成或破裂的，終究是人性。因此，了解人性是了解談判的關鍵。人和人一旦建立連結、成為朋友——或是走進死胡同，成了敵人——就幾乎很難改變。

我在第一章跟各位提過李奧納．坎德爾同意跟唐納．川普簽定蓋川普大樓所需的租約，而他倆在談判後仍維持著和諧的關係。坎德爾欣賞我在那個案子的工作表現，從成交當天開始成為我的客戶，一直到他多年後過世為止。一九八七年，我離開活躍的法律工作，也不再代表唐納。為完成川普大樓，唐納需要坎德爾的幫忙。當時我的處境很特殊：一方面是坎德爾的律師，一方面也是唐納的前任律師。唐納需要坎德爾讓出地役權，好讓他將支撐川普大樓的一根柱子立在李奧納的土地上。為此，唐納來找我，要我幫他取得這個地役權。李奧納問我：「喬治，這個地役權到底對我有沒有影響？」我說：「不會。它是讓川普把柱子埋在地底下三十二英尺的地方，剛好橫跨在你們兩位的土地邊界上。」因此，坎德爾沒跟川普收取費用，就把川普所需的地役權給了他。

不久之後，唐納又打了一通電話給我。他說：「我得把那根柱子往坎德爾的土地裡面移。你可以讓李奧納同意我這麼做嗎？」

唐納寄給我的草圖顯示，那根柱子將不再立於兩人土地的邊界上。新的地點完全就在坎德爾的土地範圍內，這可是天壤之別。當我將川普想要的東西告訴坎德爾時，他說：「喬治，我可以要求唐納付我一兩百萬美金買這個權利，但是他人很正派，我對跟他之間的交易也很滿意，所以，你就把他要的地役權給他，我不收他的錢。」

坎德爾想得沒錯。出於個人的好奇，我告訴唐納：「我可以幫你弄到地役權，但是你得付兩百五十萬美金，這樣可以嗎？」川普做出了典型的反應：「喬治，我不想為了兩百五十萬美金把柱子立在那裡。我可以立在其他的地方。」我回答：「唐納，跟你說話的是喬治，不是別人。我很清楚市政府非要你擴大中庭不可。我還知道，大樓的其中一個角全靠這根柱子支撐。我們都知道你多麼需要這個地役權。」在詳盡的討論後，唐納不甘願地說他願意支付兩百五十萬美金。這時候我才告訴他，坎德爾願意把地役權給他，不收任何費用。重點在於，坎德爾和川普之間的關係，不只是鄰居、房地產投資同業以及商業談判對手而已。他倆的關係是建立在友誼和信任之上。

坎德爾把這份信任的層次拉得更高。除了毗臨川普大樓的土地之外，他還擁有位於曼哈頓中央公園南路一一二號的土地，以長期租約的方式簽給一個名為約翰．寇門的人。坎德爾跟寇門發生過多次爭吵，覺得這個人不能信任。坎德爾對我說：「喬治，我想請唐納當我的看守人。這麼一來，要是跟寇門之間出了什麼問題，唐納就可以代替我打這一仗，保護我以及我子女和孫兒們的利益。」

唐納同意擔任坎德爾的看守人，而坎德爾則將該地租金在續約時所得的部分利益贈予川普作為酬謝。續約時，新租金超越原租金的部分有百分之十五歸川普所有。我們可以看出，因為坎德爾和川普之間的深厚關係，坎德爾知道川普為人誠實，會保護他的後代，值得信任。坎德爾不白拿人家的好處，在這個例子裡，他買到的是心安。

由於人性在交易中扮演了舉足輕重的角色，因此，川普的談判通常會從跟對方聊天、了解對方重視什麼事情開始。了解對方想要什麼之後，他會做出提案和回應。只要雙方都得到能接受的結果，談判就成功了。這就是川普式談判的核心。

談判最重要的就是一定要讓離開談判桌後的每個人感到某種程度的滿足。你必須找出做到這一點的最佳辦法。如果你讓對方滿意，你也會覺得很滿意的。

創造「獨特性氣氛」

談判心理學要教給你的第一件事是：獨特或不同的東西容易賣。這種「獨特性氣氛」我之前提過。你應該在其他人心中創造出這種氣氛。賣什麼不重要，因為成功取決於你創造和維持這種氣氛的能力。如果你有對方找不到的東西，那麼你的立場就強勢多了。

這項道理適用於任何一種交易。無論是找工作、賣房子、買冰箱，只要創造獨特性氣氛（例如，讓對方相信你正好有他們想要的東西），就能提高成功的機會。請將以下幾項原則牢記在心，並切實遵守。

人想要自己得不到、或別人想要的東西

多數人心存貪婪和妒忌。看過美國經典電影《大國民》的人，應該都記得片中的富豪因為兒時無法完成的小小夢想，而毀了一生。這個教訓，值得我們每個人警惕。

如果你真的很想吸引顧客，不妨擺出一張大看板，上頭寫著「已售完」。拍賣能否成功，取決於出價人數的多寡。競相出價的情況愈熱烈，萌生「既然那麼多人想買，那

我就非弄到手不可」想法的人就愈多。創造拍賣氣氛的機會出現時，別放過。

人在面對太多決定時會不知所措

不讓某人做決定的一個好辦法，就是同時給他過量的資訊或事情讓他考慮。複雜會把人嚇壞，而面對恐懼最常出現的反應就是逃之夭夭。當人被迫同時做出太多決定時，可能會選擇什麼決定都不做；這就等於是強迫他吞下高爾夫球大小的藥丸一樣。全部一次給，對方只會噎著。但如果拆成一小塊，每次只給一點點，那麼在經過很長的時間之後，對方就會在不知不覺中服下一整劑藥。做談判規劃的時候，請你判斷每件討論中的事何時做決定最好，並於適當時機向對方提議。如果談判節奏夠從容，你就可以把難處理的問題穿插、隱藏在簡單的問題之中。

人們屈服於「合理化煙幕」

我在前面討論過「合理化煙幕」，以下我將徹底檢視這項手法的催眠效果。如果你用權威的態度表現出自己信以為真的模樣，就可以把大錯特錯的事情說得頭頭是道，甚至還可以把話印在狀似正式的文件上，讓效果更佳。謊言愈大、姿態愈高，深信不疑的人就愈多。有什麼例子會比美國人民聽信總統小布希等人那套「海珊擁有大規模毀滅性武器、暗中支持恐怖主義，必須立刻採取行動保護美國國土」的說辭更具體？美國國會和百姓都上了鉤、吃了餌。等到三年的時間過去，犧牲了數千條人命、數百萬美金公帑之後，真相才出現在大眾眼前。然而，「當時的一切看起來是那麼合理」。

我們再舉幾個生活中的情況來說明吧。假設你在一家店裡看到寫著「零售價五〇〇——本店特價三五〇」的標籤，你會以為自己省了一五〇元，真划算。但你是否曾經自問這個五〇〇元的零售價從何而來？是誰想到的？它是用白紙黑字寫著，所以看起來很合理，一般人也都有眼見為憑的傾向。這標籤上的字，就是施展了「合理化煙幕」。

在某大報上讀到的報導，我們通常不會去質疑；它可是紐約時報或泰晤士報呢。但實際上它不過是專欄作家或記者對事件的解讀或偏見而已。儘管各大報不當報導的消息時有所聞，然而只要是報上刊登的，我們還是會信。這便是媒體真正的力量。

電視也是一樣。「因為出現在電視上，所以我相信。」如果你這麼想，表示你已經被「煙幕」給迷惑了。**我們聽見的往往不是全部的實情，甚至根本是誤導。**話說回來，如果你能把合理化煙幕用在談判的關鍵事項上，就能替自己創造優勢。

我舉個應用合理化煙幕的例子。此個案雖不尋常，卻很有說服力。有位銷售員對我說，曾有某建商要在好幾英畝的土地上蓋住宅，僱了他來展示樣品屋。展示當天，銷售員一大早就去檢視屋況。他注意到地下室有大約一英尺深的積水，而來參觀的客人就快到了。「哇，那你怎麼辦？」我問。他回答：「我拿了一把碼尺，插到水裡，然後用粉筆在水深處做記號。接著把這把碼尺放在地下室樓梯旁。」這時我好奇心大發，問他：「人家來看房子的時候，你怎麼做？」他微微一笑，說：「他們往地下室探頭看的時候，被一英尺深的積水嚇了一大跳，接著就問我是怎麼回事。」我對他們說，因為建商想證明地下室不會滲水，所以就灌了一英尺深的水進去，接著我拾起碼尺，將它插入水中，讓他們看到碼尺上用粉筆標示的地方剛好等於水深。「沒錯吧，」我告訴他們，「一滴水也沒漏！」大家可能會認為這位銷售員的作為很不道德，我也不建議各位有樣學樣，但面對他巧妙設想出的「合理化煙幕」，我們有誰不會深信不疑？如果參觀的人是我，我是不會起一點疑心的，而現場看屋的人也都不疑有他。在你嚴詞批評銷售員之前，我必須告訴各位，他在「現場參觀」結束後立刻將地下室的漏水問題告訴建商。聲譽卓著的建商得知此事時十分不悅，於是找來專家查明原委。專家在地下室鑿了一個洞，發現樣品屋剛好位在地下水流之上，而這道地下水由於不尋常的大量降雨而暴漲。為此，樣品屋和該工地所有房屋都裝設了淺池泵，以因應類似情況再度發生。因為那位銷售人員的行動，購屋者買到了更好的房子。

我建議各位在道德規範下使用合理化煙幕。不要被對手的障眼法給唬到了。

別太早亮出自己的底牌

請學著別說出心思。沒有人該讓對方太早看到自己的最佳價格，或在競賽一開始就做太多讓步。為了得到最有利的交易結果，你必須兼具過人耐心和策略性思考。

例如，假設你在某家店找到理想的客廳家具組，訂價一萬元。你覺得價格滿實在的，有可能願意照價付費。然而，你不該讓銷售員知道你這麼想。要是你說溜了嘴，就等於輸了談判。就算能贏得小讓步，也不可能得到大勝利。

你應該對銷售員說：「這套客廳家具組的訂價太高了吧，跟我想得差很多。如果價錢合理，我說不定會考慮。」

這則訊息開啟了一條截然不同的談判路線。對方問你：「你願意付多少錢？」你說：「差不多六千塊錢。」她回答：「我不可能賣你這麼便宜。你覺得八千五怎麼樣？」現在，你可以揮灑優良的談判技術，對她說：「你也算起了個頭，不過你得表現出更多誠意才行。」

經由這樣的過程，最後或許能談到你可以接受的價格。這時候，請你對銷售員說：「你還真會討價還價。我本來不想花這麼多錢的。不過，我決定買了。」你這麼說會使銷售員產生滿足感——而滿足感正是每一場談判的必要因素。

對於他人的優越，人有一股內在的恐懼

人性在我們身上施加了許多限制。例如，若某人的財富、權勢或專門知識在你之上，那麼你在跟他談判的時候，將感到一股內在的恐懼。人們自覺贏不過「大師級人物」或具有經驗、權勢、力量等優勢的對手。如果你必須跟某個讓你害怕的人談判，請你試著克服這種恐懼，改從一對一的個人角度看待對方。關鍵是讓對方流露真情，從而建立和諧關係。如果對方「三字經」連連，你不妨用類似的方式說話，拉進跟他的距離。如果對方城府深密、富於智謀，你也需要配合他的風格。

從對方的角度來看，如果他們覺得你比較優越，一樣會覺得不自在。人通常比較喜歡跟實力相當的人打交道。所以，如果你給某人來段開場白，讓對方覺得你倆旗鼓相當，那麼問題就比較容易迎刃而解。

適時裝傻可以獲得更多訊息

切記，表象不必然反映實情。別人可能會裝傻，好從你身上得到更多好處。所謂「一個巴掌拍不響」，你不附和，對方就沒戲唱。

舉例來說，如果對方有外國口音，我們會以為自己必須簡化說明，讓對方聽懂。然而情況通常並非如此。有些人想利用口音在談判中得到極大的好處，這招很有效。所以發表看法時請勿替對方簡化事情，當然，也不要把原本不打算讓對方知情的資訊說出口。

從對方的角度來看，你也可以玩玩聰明人裝傻的遊戲。大家都有過被人用自以為優越的態度對待而大感光火的經驗。但是，請你不要把感受表現出來，就讓對方繼續這種方式說明。請佯裝困惑的表情，讓對方以為你很傻，這麼一來，你什麼都不用說就能夠得到大量資訊。有時，靜靜坐著傾聽是很高明的做法。**你說得愈少，對方就說得愈多，你也就變得愈聰明**。善用「大智若愚」概念的一個最佳案例，是以樸實的農夫外貌隱藏其優異談判才能的紐約房地產大亨索爾．葛德曼。記得我跟他在賣主的辦公室裡，打算付一千五百萬美金的現金（索爾認為合理的價格）買一棟辦公大樓。索爾問賣主：「這棟樓你們開價多少？」對方回答：「一千五百萬美金，全部付現。」葛德曼拉高音量，用幾乎是大聲嚷嚷的口氣說：「什麼？」他的表現讓人以為他好像不懂價格為什麼這麼高。賣主看了索爾的痛苦表情一眼，然後說：「呃，或許價格是太高了一點，我可以考慮賣你一千四百萬美金，一樣全部付現。」葛德曼再次拉高分貝說：「什麼？」賣主以為他讓索爾產生了敵意，於是說：「我可以考慮用百分之六的利息收回抵押借款，幫你在價格上降個幾百萬。」葛德曼這時說出了第三次：「什麼？」結果賣主再次大發慈悲說：「如果你真的很想買這棟樓，我可以給你更好的借款條件。」葛德曼的談判技術讓我目瞪口呆。他願意支付一千五百萬的現金買那棟辦公大樓，賣主從一開始就開了這個價格給他。但他才說了三次「什麼」，就讓對方降價一百萬，還自動提供原本需要進一步談判才能敲定的借款條件。大智確實若愚！

善用齊夫的最省力原則

別遺漏了我在上一章提及的重要談判工具：**人會用最少量的心力完成目標**。除非感覺絕對必要，人不會從事額外的工作或研究。這是齊夫深入研究人類行為之後所發現的。既然你知道這項原則，就應該很清楚，只要你盡量多花時間、多努力，就容易贏得談判的每個重點。同樣的原則也適用於所有的文件。能掌控書面文件的人，就是能主導談判的人。如果文件是你準備的，那麼對方永遠不知道你在上面遺漏或增加了什麼。讀者通常只把注意力放在讀到的內容上。對他們而言，找到空白並加以填滿是需要大量心思、時間與努力的事。齊夫的實驗結果指出，人們很可能永遠都不會這麼做。

免費贈品人人愛

每一位好的銷售員都知道，免費送出某樣東西之後往往就能握手成交。如果你常看熱門的電視購物節目，你一定知道我在說什麼。「買二送一」是他們常用的話術。掉入這個陷阱的人將擁有三件他們根本不想要的東西，然而他們就是無法放棄這樁交易。聰明的談判者總是可以丟給對方一些東西當作甜頭。「前兩年不用付錢」、「將九十天的保固延長為一年」、「免費幫車子加滿汽油」等等，例子多得不勝枚舉。想用五百萬元賣出房子的建商如果在談判中屈居下風，不妨向客戶提議：「如果你今天簽約，我就免費送你許多人夢寐以求的奇異牌微波爐。」說不定就轉敗為勝了。只要花幾萬元的成本，就搞定這筆交易。要是建商提議在總價中扣除相同的金額，反而可能達不到效果。贈品雖小，但它是免費的——大多數人心中只記得免費這一點。金額高低不是重點，免費拿到某樣東西的誘惑力很大，大到足以讓人忘記其他更重要的議題。

用小損失交換大勝利

「禮尚往來」的想法深植於我們的文化之中。若在談判的適當時機使用，它可以成為一項有效的工具。「禮尚往來」跟「免費贈品」完全相反；這概念講的是一種交換，也就是「如果我幫你做一件事，例如在談判的某一點上讓步，那麼你也應該給我點什麼作為回報」。有效使用這項技術的方法，是在做出任何讓步之前，先列出所有的開放議題。別讓對方知道你眼中的重要和不重要的議題各是哪些。在列出所有開放議題之後，請你問對手：「如果我們在這些議題上都達成了共識，是不是就能成交？」

如果對方回答「不」，就請你繼續列表，直到得到「是」的答案為止。傾聽開放議題時，請在心中暗自依照重要性排序，然後從最不重要的開始討論。每一個議題你都該積極談判，就算要讓步也要表現不情願的樣子。把重要議題分散置於其他議題中，並且盡力談判。談判高手不同於一般人之處，在於能用小損失交換大勝利。對方會因為「禮尚往來」理論而願意進行交換，但所謂的交換，不一定是交換同等價值的項目，也不必然是以一換一。放棄五個你不真的需要的項目換取一個你真的想要的，將會使你的談判容易多了。你只消說：「前面五個項目我都讓你，現在總該公平一點，把這項讓給我吧。」禮尚往來的成功要訣是，用你願意放棄的不重要項目包裹你想贏得的重要項目，並且讓前者的價值大於或等於後者。如果你做得到這點，成果將很豐碩。

四種簡易方案提高成交機率

人很容易拜倒在簡易方案的魅力下。請你以謹慎的態度決定使用它的方式和時機，只在對自己有利時這麼做。我以下列四句話為例，說明各種簡易解決方案：

1. **「我們各讓一步好了。」**這項簡易解決方案只能在對自己有利的情況下提出。例如，你跟某人討價還價。你想付兩萬元，賣主卻開價三萬元。你其實願意付兩萬五，但你不讓對方知道。當談判進行到某個時點，而賣主表示他願意接受兩萬六時，你可以說：「我原本只出兩萬，現在你要兩萬六。不如這樣吧，我們各讓一步好了。」因為這麼說聽起來對雙方都很公平，所以這筆交易很可能會以兩萬三的價格成交。

2. **「我們晚點再討論這件事好了。」**談判中不免會出現針鋒相對的言詞，雙方的火氣可能都很大，兩方堅持己見，不願做任何妥協。這是否表示事情無法解決呢？不是的。這是否表示你不該急著在此時解決事情呢？是的。你應該冷靜建議雙方把僵持不下的事情暫且擱在一旁，先處理其他爭議性較低的事項。目的是希望雙方稍後能就各個事項達成共識，讓更多時間投入談判之中，形塑出有利於友好和解的環境。

3. **「交給別人來決定吧。」**它把決定權從火線上的各方手中移除，讓雙方暫時脫離險境，因此是個簡易解決方案。例如，有個無法解決的棘手議題橫亙在你與對手之間。你可以說：「你何不把這個問題帶回去問老闆，讓他決定？」這種戰術給對手機會請那邊的另一人參與決策過程，而那個人可能不是對談判的每件事都很清楚。我無意要讀者接受這名額外參與者的仲裁身分，我的意思是，就算對方帶回來的決定受到全盤或部分否決，但就此刻而言，談判便有了新的起點。

4. **「何不跳脫思考的框架。」**用富有創意的解決方案來因應難題，通常是受歡迎的做法。沒有人喜歡僵局，所以，如果你能提出有創意的建議，對方的反應可能也是正面的。

多數人拒絕承認或糾正自己的缺點

這是人類行為的一大瑕疵。多數人都有能力不足之處。有的人對數字一竅不通；如果你有這類困擾，談判時請隨身攜帶計算機或請會計師陪同，讓你的弱點得到掩護。有的人無法快速閱讀或理解文件；如果你有這類困擾，就別想在壓力下用五分鐘讀完複雜文件，不如說：「我得讓我的律師看過再回覆你。」這種自我保護的做法並不常見，因為人不喜歡在他人面前顯得無能。人們總是不願意承認自己對某些事情不擅長，甚至想加以掩飾，結果反而吃虧。你可以盡可能利用這種人的弱點來增加自己的優勢。這麼做既不違法，也不違反道德。如果對方在談判時就是要假裝自己沒有弱點或缺陷，這是他們的決定，跟你無關，你不妨泰然接受。

人們欣賞勇於認錯的行為

只要你說「我犯了一個錯」，就能輕易消除對方的敵意。例如，假設我是建築承包商，說過會幫你用二十萬元的總價整修房子。我寄書面合約書給你時，把總價增加到二十四萬。你看到價格變高，一定會不高興，最初的反應是：「我們明明就講好了，現在怎麼可以哄抬價格？」我阻止對方憎惡高漲的方法，是說：「我沒有騙你的意思，是不小心犯錯了。因為大理石和其他建材的價格都漲了，我忘記把漲價的部分算進去。」

你能說什麼？已經說不下去了。當你信任的人向你坦承犯錯，你看到了他性格中的某個長處，總是會傾向原諒他，因為你不想占坦承錯誤者的便宜。假設你面對企業交易，對方改了交易條件並對你說：「抱歉我弄錯了。如果你堅持要我負責，我一定會被公司開除的！」你會怎麼說？如果對方坦承犯錯，多數人就比較願意接受改變。只要運用得當，承認錯誤也可以是一項有力的談判工具。

多數人患有期限症候群

人會依照期限調整生活步調。你得在某個時間起床，才能在某個時間抵達工作地點。五月三十一日是報稅的截止日，於是數百萬人都在這一天報稅。有些期限非常重要，有些期限則未必。人們總會覺得自己非得在每個期限之前做出決定不可，好像做不出決定就會大難臨頭。

聰明的談判者懂得判別期限在談判中的重要性。例如，在期限將屆的一方眼中，這筆交易如果談不成，一切就毀了。我可能對你說：「我們現在就得完成交易，因為我要搭三點半的飛機。我兩點十五分就得離開這裡。」

由於你心想著我的期限，而這個期限讓你處於極不利的劣勢，因此你可能會同意某件你平常不願意放棄的事情。實際上，我根本沒有飛機要趕，但我這麼做可以給你壓力，讓你更快做出決定。我的盤算是，盡量等到最後一分鐘再成交，強迫你把事情做個決斷，好讓我趕上飛機。

認為自己非得趕上某個期限的人，顯然是處於劣勢的——如果對方得知有此期限，對這個人而言，就更不利了。

人們奉行「投入時間」哲學

曾經為了處理交易而延長時間的人，心理或財務上必然「投資」甚多。為了成交，他們已經花費了相當的時間和金錢，若無法成交，就等於是白忙一場。如果各方投入的時間不成比例，投入時間最少的一方將占有優勢，因為交易不成對他們而言損失較少。**你可以採取的聰明策略是，盡量讓對方在交易上多投入一些時間和金錢，同時將自己的支出降到最低。**這麼一來，對方就會在交易瀕臨破局時想辦法成交，來合理化他們已經投入的時間和金錢。

找出對方的局限，研擬談判策略

人很清楚自己所受的限制，其中最常見的就是時間。人會持續地自我監視和評判，而且標準通常訂得比別人更高。「時間就是金錢」的觀念和上述的「投入時間」原則有關。然而，當某人欠缺有效談判所需的時間，他會將時間視為能力限制。對成交金額給予承諾的能力，則是另一項能力限制。如果你擔心自己的能力有限，買不起某樣東西，談判的時候就會施展不開。如果你的老闆給你用一千萬元購買某棟建築物的權限，那麼，當價格接近或超出一千萬元的時候，你的談判策略就會發生戲劇性的改變。所以，請你在談判的時候找出主宰對手的各項限制，作為研擬策略的參考。

在結束談判心理學的主題之前，我要提醒各位，無論在談判的哪一個階段，都可以同時併用多種戰術。

例如，假設我是汽車製造商，想慫恿別人來買車子。根據齊夫的最省力原則，我會給你必要的大量資訊，好讓你做出有利於我的選擇。我會告訴你售價、每單位汽油能跑的里程數，以及其他製造商的同級車款的標準和選配配備內容（合理化煙幕），來凸顯自家車款的好處。我會提供五千輛「唐納．川普」限量版汽車（人想要自己得不到或別人想要的東西）給三十天內下訂的人（期限症候群）。每位車主還將獲贈一塊特別的川普簽名匾牌（免費贈品人人愛），作為限量的真實憑據。如果巧妙運用各項談判心理原則，大多數人願意支付的價格很可能遠高過不用心理原則所談成的價格。請你發揮創意，為自己設計出上述戰術併用的各種方法，並用在下一回的交易談判上。

喬治．羅斯說：人性是談判成功或破裂的關鍵。

1. 談判最重要的就是讓大家都得到某種程度的滿足。
2. 為你的商品創造「獨特性」。
3. 人們自覺贏不過「大師級」人物或經驗實力都在自己之上的對手，想成為談判高手，必須學習克服恐懼。
4. 人會用最少量的心力完成目標，只要你比對方多花些時間，就可以輕易贏得談判的每個重點。
5. 盡量讓對方投入更多時間和金錢，並同時降低己方的付出，將能有效提升成交的機會。

7 掌握資訊，提高談判致勝機率

我在多年前就知道，在談判對話「之外」得到的資訊足以創造很大的優勢。**如果你知道別人不知道的事情，甚或握有他們不想讓你知道的資訊，就能扭轉乾坤。**

一九六〇年代，我曾擔任紐約兩大房地產投資巨頭——索爾．葛德曼和小艾立克斯．迪羅倫佐——的談判代表。某年九月底，他倆向威廉．奇肯多夫爵士（William Zeckendorf Sr.）購買了包含葛雷巴大樓（Graybar Building）——面對中央車站的一棟三十層辦公大樓——在內的營運租賃權。奇肯多夫是當時的紐約大開發商暨上市公司威布柯耐普（Webb & Knapp）的最高主管，該公司擁有為數眾多且多樣化的房地產股權。我的客戶以四百萬美金購得營運租賃權，實際接管了該大樓的營運；但是，這樁交易應該事先取得壽險公司的同意，因為壽險公司是大樓的土地租賃權的所有人。奇肯多夫尚未取得壽險公司的同意就把營運租賃權賣給我們，他說：「別擔心，我會讓壽險公司點頭的。」

如果我無法在十二月三十一日之前讓他們首肯，我會退還四百萬美金，外加四十萬美金的罰款。」我確認過，這項條款確實寫在銷售合約上。因為威布柯耐普是規模龐大的上市公司，而奇肯多夫素有誠實正直的美譽，所以我方接受了這份租約，並且把四百萬美金付給奇肯多夫。罰金這麼高，我們認為他一定會取得對方的同意。

在我和奇肯多夫談判的整個過程中，他一再表示取得同意不過是個形式而已，不會有問題的。我持續追問對方會否同意，而他給我的標準答案是：「喬治，地主是一家大型的保險公司，我跟他們的決策者有很好的合作關係，他們只是需要一些時間進行紙上作業而已。」我暫時接受他的說法，但也開始感到懷疑：我們需要的只是一個簡單的同意而已，不應該要這麼久的時間。到了十一月十五日，距離十二月三十一日的期限只剩四十五天，我開始起疑了。我覺得其中大有玄機。因此，儘管奇肯多夫已經言明要我別這麼做，我還是直接打電話去找那家保險公司的代表，說明我是葛德曼的律師，想知道對方是否同意。他告訴我，銀行早在九月十五日就寄信給奇肯多夫，表示不會同意這件事；他還說除非我們的營運租賃權在十二月三十一日之前回歸奇肯多夫所有，否則銀行將視之為違約，並且採取行動終止整份租約。

這個消息增加了我的談判權力，讓我很清楚接下來該怎麼跟奇肯多夫談判。現在我知道他對我們說謊，使這筆交易處於險境。更重要的是，我知道他故意隱藏極為重要的事實，不讓我和我的客戶知情。顯然我無法再信任他了。我立刻營造了一個新的談判環境，以終止交易和取得奇肯多夫承諾支付之四百四十萬美金為談判目標。當我把聽到的事告訴葛德曼，他打了通電話給奇肯多夫，立即召開會議，就在奇肯多夫的辦公室談。會中，葛德曼要求奇肯多夫立即退還他投資的四百萬美金，但奇肯多夫說：「索爾，我承認我欠你這筆錢，但是我現在沒有四百萬。」奇肯多夫認為葛德曼會提議妥協，但是他錯了。葛德曼很平靜地說：「比爾（奇肯多夫的小名），雖然我很不願意這麼做，但我經得起四百萬美金的損失。你知道有個以『今日新聞』開頭的電視節目嗎？可以呀，你今天就會在電視上看見威布柯耐普面臨刑事詐欺指控的報導。如果我們不好好處理這件事，我立刻從這裡出發去找地方法院檢察官。我要告倒你們公司，貴公司的股價會變廢紙，讓你以後不能再占別人便宜。」奇肯多夫看了看葛德曼的表情，然後轉過頭來對我說：「喬治，我今天總算是遇到對手了。我有個想法。這樣吧，索爾，如果你願意的話，我可以把克萊斯勒大樓的租賃利息給你，來交換葛雷巴大樓的利息好嗎？」索爾回答：「可以呀，只要金額相符。」隔天，我收到一份交換利息的合約書，其中一個條文指出，如果奇肯多夫得不到雷拉飛瑞有限公司（Lazard Freres Co.）的同意，就不能把克萊斯勒租賃利息給別人。我問奇肯多夫：「如果沒辦法在短期內取得同意的話，該怎麼辦？」奇肯多夫回答：「我會再多給索爾二十五萬美金。」葛德曼認為這是可行的替代方案，於是同意變更。你猜怎麼著，這次奇肯多夫又食言了。

葛德曼和迪羅倫佐接手了葛雷巴大樓的營運後，我談成了幾筆租金頗高的租約，提高了大樓的價值。奇肯多夫知道這件事以後，打算用更高的價格把葛雷巴大樓租給另一名開發商。他告訴葛德曼說，他會在十二月三十一日當天中午付清所有欠款；如果他做到了，他要葛德曼放棄那二十五萬罰金。葛德曼同意了，而我所得到的訊息是，所有事情會在十二月三十一日中午之前告結。我在當天上午十點鐘抵達奇肯多夫的辦公室，準備用葛雷巴大樓的租約轉讓書交換四百四十萬美金的保付支票，以及先前同意的保險理賠。十二月三十一日剛好是星期五。銀行在下午三點關門時，對方卻毫無動靜，於是我要奇肯多夫的律師讓我看保付支票。對方說：「喔，我們把銀行的承辦人員找來了，只要我們有需要，不管幾點他都可以辦理保付作業。」隨著時間一分一秒過去，我的焦慮感也愈來愈強。於是，我打了個電話給葛德曼報告事情的經過。他要我把對方因克萊斯勒交易而應該付給我方的那張二十五萬美金支票拿到手，不然便立刻走人。我把他的話轉告奇肯多夫。不到十分鐘，二十五萬美金的支票已經在我手中。

我再打了個電話給葛德曼，他告訴我：「奇肯多夫應給我方的足額保付支票，時限延到午夜，到時候你可以把二十五萬美金支票還給他。不過，要是他食言，我要你立刻走人。」當時我只有幾年的經驗，從未面臨過壓力這麼大、談判結果關係著幾百萬美金的情況。但有一件事我很確定，那就是我不能信任奇肯多夫或他那邊的任何一個人。

那天是除夕，我在傍晚六點鐘要我的同事艾德．史皮瓦克（Ed Spivack）代替我結案。我告訴他我要去參加跨年晚會，如果他有需要可以打電話來。我說租約轉讓書的正本就放在桌上的公事包裡。（他不知道正本其實在我自己的口袋裡——因為我完全不信任對方。）我列了三條不容變更的指導原則，要他確實做到：一、他必須先收到金額為四百四十萬的保付支票和先前同意之保險理賠，才能把租約轉讓書交給對方；二、他不可以吃或喝任何非密封包裝或不是由他自行開啟的食物或飲料；三、在午夜的那一刻，如果他還沒拿到金額正確的保付支票，必須立刻離開。

艾德．史皮瓦克後來告訴我這個冒險故事的後續發展。他說，對方拿了好幾次保付支票給他，但沒有一張的金額正確。到了晚上十一點四十五分，有人叫他上樓拿金額正確的支票。等艾德上了樓，對方又說支票還沒準備好，叫他下樓，說是會拿下去給他。他下樓回到原先等候支票的辦公室，卻注意到公事包移位了，打開一看，裡面的租約轉讓書已經不翼而飛。他嚇壞了，馬上打電話給我說：「他們趁我上樓時搜了公事包，把轉讓書拿走了！」我要他冷靜，解釋我因為不信任對方，有把正本帶在身上。我對他說，如有需要，我會離開晚會把正本帶過去。奇肯多夫手下的人竊聽了我們的談話，立刻採取行動，想讓葛德曼因為拿不出正本而違約。他們不斷拿不同的支票出來交換合約，但沒有一張的金額是對的。最後，到了午夜十二點一分，他們才拿出金額正確的支票，要艾德交出租約轉讓書。艾德對他們說，上頭只授權他在十二點整之前接受支票，現在時間已過，他得離開。艾德朝電梯走去，當電梯到的時候，奇肯多夫那邊的一個人對電梯服務員說：「你要是讓這傢伙下樓，你就回家吃自己！」對方不讓艾德用電梯，害他走了十三段樓梯才離開大樓。隔天，奇肯多夫打電話給我說：「喬治，索爾麻煩大了。」我回答：「比爾，合約還在我們手上，我們會盡一切努力和保險公司達成協議，然後到法院告你，讓你吃不完兜著走。」他說：「到我在康乃迪克州的房子來找我，我會解決一切。」我去了，而他也確實做了了斷。一月五日，我把租約轉讓書交給他，並且拿到全部的款項。

講以上故事是想讓各位知道，當談判涉及龐大的金額時，即使有好名聲的人也會走向極端，只做對自己有利的事。**這個故事也說明了資訊就是談判的力量：取得對方不想讓你知情的關鍵情報，就能釐清真正的議題，找到行動的方向。**一旦你發現對方有人說謊或隱瞞重要事實，對那人的信任就應該畫上句點，你要採取一切手段來保護自己。

***

談判中有兩種知識，它們力量都很強大，但有些微的差別：**實際知識和表面知識。**

實際知識

顯然，掌握的資訊愈多，談判起來就愈得心應手。上談判桌前做過充分準備、握有條理分明的研究和事實作支持的人，一定會讓對手相形失色。盡力搜集談話對象的一切資訊，就能洞燭先機，因為你對另一方的強項、弱點，甚至嗜好、教育背景與職涯軌跡都瞭若指掌。你在談判中接收到的與對方有關的資訊，無論看起來多麼無關緊要，每一樣都有價值。

如果「實際知識」的內容無效或不精確，它就具有危險性。假設你想賣掉位於西雅圖的住家，蒐集了平均價格方面的數據後，得出這樣的結論：「西雅圖的房市疲軟。」這不表示你的房子賣不了好價錢，也不意味著你所在的城鎮或地區的房價將走揚。你看的是平均數字，不會剛好適用於你的不動產。如果你認為你的住家在房市裡賣不了好價錢，並以此為前提進行談判，那麼你就錯了。數據必須符合你的情況。如果你想要賣掉在某個地區的不動產，那麼以全市為基礎的平均數字可能不具意義，雖然你可能將它視為一項實際知識。

你所使用的任何數據，會因為情況（樣本、樣本大小，以及研究的客觀程度）的不同，而有不同的可靠度和精確度。所以採用某項資訊並視之為實際知識時，一定要謹慎。數據的來源很多，你不一定得親自研究。例如，你可以：

- **善用你的經驗和你受過的教育。**有一點非常重要，請切記：其他人看待市場的意見，往往是以平均數字為依據。然而，和當下交易有關的是你的某筆房地產，不是廣大的房市。如果你在談判中貿然使用平均數字，將置自己於險境。如果你博學多聞，就應該放寬心，信賴自己的經驗。假設你沒有某個情境所需的經驗和教育，就從他處取得。你可以使用網路，也可以盡量多找人聊聊，傾聽忠告、了解事實。也請你學著蒐集有效資訊，補充目前所知之不足。
- **和外部專業人士討論相關議題。**你一定會遭遇到不屬於你知識範圍的議題，這在談判中是很常見的。遇到這種狀況，請諮詢外部專業人士的意見。你可以找會計師、律師、財務顧問，或高度專精於某領域的人士，徵詢他們的意見。即便律師也有各自專擅的領域。因此，當律師碰上專門知識外的議題，也會向其他律師求助。雖然我自認是房地產法律專家，但當我遇到陌生的狀況，依然會毫不猶豫地打電話找別的律師問問。如果我不覺得難為情，你也不應該不好意思。請你經常留心有哪些人是能提供你協助的可靠專家。

- **和己方所有必要人士進行討論。**大部分的人只會按照組織、配偶或預算設下的限制來行動。我們當然很清楚這些限制，但有一點你不應該忽略：任何人都可以是你充實知識庫的來源。其他的資訊來源不限於公司的行政管理系統，也不只是為了讓預算通過而已。你不過是吸收他人的知識，來強化一己所知。你也應該意識到，談判若會失敗，往往是由己方而非對方造成的。談判前的討論很重要，它能確保你掌握所有觀點，進一步提高談判效率。

表面知識

第二種知識或許較難掌握，但對於談判一樣很重要。

如果對方相信你對某個主題很有把握，不論是因為你的名聲或是你說的行話，他們可能會做出這樣的結論：你真的很懂自己說的東西。如此一來，他們可能不會對你採取某些戰術，因為他們認為那麼做對你沒用。

表面知識——無論是基於現實或只是觀感上如此——能幫你加分，因為對方受到假設的主導，對你更尊敬。如果我去開會時討論到租賃選擇權這個主題，並且說：「我處理過的選擇權不多，得要好好研究一下。」對方會立刻認為他們占有優勢，如果他們在這方面涉獵很深，尤其會這麼想。但如果我說：「是呀，我處理過好幾十樁租賃選擇權的案子。實際上，我踏入這行時曾跟著一位天分過人的房地產投資商做事，租賃選擇權就是他發明的。」另一方對我的印象將截然不同。

有趣的是，根本沒有人會懷疑我自稱擁有專門知識的說法。其實我或許對這個領域幾乎不懂，但對方不太可能會追問：「你那位客戶是誰？」或「你到底交涉過多少租賃選擇權？」我說出口的聲明會成為他們心中的假設，因而絕少遭到質疑。

了解這一點，就請你以「自信」的態度進入會議、開始談判；談判往往只需要自信。這是人性中很諷刺的一部分：即使人們對你存有疑惑，在取得與此信念牴觸的有力證據之前，他們仍然選擇相信你。如果你自稱專家，對方有可能會相信你的話。表面知識的威力有時大過實際知識，但如果對方對你的表面知識調查得太徹底，小心你會失去信譽。

關於表面知識以及它在談判方面的應用，有兩件事請你切記：

1. 你不一定得是某個談判主題的專家才能有專家的樣子，特別是當你發現對方有某種應對模式。

如果你熟悉另一方的某種人格類型或計謀，這可比實際知識更有價值。如果你以前跟通用汽車公司打過交道，那麼，你和福特汽車公司談判時就更胸有成竹，因為你已經摸清通用的想法，而汽車公司想的都差不多。產業相同，面對的競爭和市場力量也是一樣的。因此，身為談判者的你有能力運用過去的經驗——以你掌握的一般資訊為基礎——以令人信服的方式和對方溝通。

有時，實際知識程度太高的人，在談判的關鍵時刻反而完全派不上用場。他們可能因為會過度專注於事實和資料，無法正確判別對方的計謀。這種人有盲點。他們對談判主題無所不知，卻欠缺談判經驗。這又是實際知識的重要性不如表面知識的一個例子。

2. 談判時，你很可能會藉助自己過去的類似經驗，雖然情境也許差異甚大。

不會有一模一樣的兩群人，每個人對相同情境會做出的反應也不同。如果我在過去一年跟房地產開發商談過十五筆交易，而你是第十六筆，那麼我在談判之初會自然地假定，你將做出和先前十五位開發商大同小異的行動和反應。

我對自己說：「這個策略曾在對手不同但狀況類似的時候發揮效果，我們來看看它現在是不是還有效。」然而，如果情境不完全相同呢？一件事情通常有很多變數，而所有的變數都將影響人們的行動和反應方式。

你對談判主題的了解可能勝過其他十五位開發商，或是你和我談判時表現出更敏銳的直覺。我的預設是，你擁有的一般資訊和其他十五位開發商相同，但我會保持開放的態度來觀察我們的討論進展。其他開發商都把重心放在獲利，「我能賺多少錢？」是他們念茲在茲的問題。但你似乎更在意建案的美感品質。你想要設計、建造獨樹一格的房子。這讓我明白自己必須如何調整談判風格。我之前在談判桌上遇到的開發商都不在乎土地坐落何處，他們只想找到最便宜的地，以最快的速度完工，盡可能衝高銷售額，然後帶著獲利一走了之。我了解他們的想法，於是把談判的策略重點放在金額上。我知道這是對方關注的事，只要我能讓他們相信會賺大錢，他們就願意在其他方面讓步。

顯然，我和你談判的時候必須說服你，讓你相信計畫中的地點符合你的構想；不但不會和鄰近的土地利用格格不入，空氣品質、噪音與其他環境考量也都能讓你接受。若我忽略了這些因素，就無法順利談判。如果我想要一場成功的談判結果，就必須配合你的需求改變自己的風格，我也必須知道什麼是能讓你點頭接受的。

我先從「開發商對建案的看法」這類一般資訊著手，然而實際上，我現在知道不是所有的開發商都用相同的態度看待建案。我以為你跟其他人沒兩樣，但沒想到你的重心不是獲利，讓我大惑不解。接近談判尾聲時，我甚至可能會問：「你為什麼把重心放在設計和美感，而非獲利？」你可能會回答：「我發現在建案品質多做點投資，可以得到比較滿意的結果，獲利反而會更高。」

你這番話讓我對開發商有了更深刻的認識。現在，我在營建業方面的一般知識已經增加了。當然，「有時驅動人的是設計而非獲利」這項觀察結果，只是整體知識的一部分而已。它有如醍醐灌頂，改變了我的觀點（增加我的一般知識）：你對獲利也很感興趣，但是你達成目標的方式是兼顧獲利和品質。

川普就是這套哲學的完美實例。只要看過第五大道上的川普大樓的人，都知道他拒絕便宜行事。從一樓往上看，整棟建築給人的整體印象就是「高品質」三個字。川普在設計上扮演了一個直接的角色，因為他知道設計就是價值所繫。川普大樓的設計花費很驚人，卻也帶來驚人的獲利。

這就是拓展表面知識之後會得到的洞見。可見得，若你想成為談判主題的專家，方法是有很多的。即使你已經和同一個對象針對某一個主題交手過很多、很多次了，但是，只要你妥善運用實際知識和表面知識，還是能得到驚奇的洞見。如果你跟對方人馬討論時用心傾聽、保持開放的心態，就能拓展知識。每個人都能在另一個人身上學到東西，並且讓自己在往後諸多談判中，變得更聰明。

喬治．羅斯說：知人所不知，可以創造很大的優勢。

1. 談判需要自信，而掌握資訊能帶來自信。
2. 蒐集相似的案例、和外部專業人員討論並和己方人員充分溝通可以提高談判效率。
3. 讓對方相信你對談判主題很有把握，可以收到嚇阻對方的功效，他們就不會嘗試欺騙你。
4. 即使已處理過許多相同主題的談判，還是可以從每一次的談判中獲得新知，成為下一次談判的利基點。
5. 當談判涉及龐大金額時，即使有好名聲的人也會走向極端，一旦發現對方說謊或有所隱瞞，就必須採取一切必要手段保護自己。

8 設定底線，保持彈性的談判空間

如果你能強迫自己在交易時起身走人，無論暫時離開或永不回來，就等於掌握了談判權力。這不表示一走了之、永不回頭是個好主意，除非交易已經走到毫無希望的階段。若成交希望渺茫，請你放棄交易，繼續去做別的事情。不過，意見分歧或僵局也可能是重整交易的契機，或許反而能得到更好的結果。這個道理在所有的談判都是一樣的。抱持愈開放的心態，克服歧見的能力就愈強。

川普曾和梅西百貨談判「唐納．川普簽名珍藏系列」男性服飾的授權交易，他的表現便體現了上述原則。梅西百貨與其關係企業聯邦百貨是全美最大的零售商，其客層是唐納．川普簽名珍藏系列的潛在買家。川普想說服梅西百貨販售該系列服飾，同時開放他處行銷的可能性。但梅西百貨想擁有專賣權，要求只有它旗下的零售連鎖店能經手唐納．川普簽名珍藏系列。梅西百貨的零售規模非常大，自認可以主導合約條款，不開任何條件就得到專賣權。

一般來說，行銷產品的人會想要大量的經銷商，不喜歡受限於某個零售商。起初我方談判時，便以不給任何人專賣權為前提。但因為梅西百貨堅持非要專賣權不可，我們也想要梅西百貨的購買力，因此被迫改變談判的前提。我們的立場是用專賣權交換一些梅西百貨必須滿足的條件，例如販售該商品的最低店家數、保證一定的廣告預算，以及在每家店內的最小展示空間等等。至於最小展示空間是多大、坐落在賣場的什麼位置，則待詳細討論後決定。有關推銷該系列產品會提供的賣場空間以及付出的時間和努力，我們想要梅西百貨做出最低承諾，但是這個概念不被梅西百貨接受，他們自視為經銷專家，主張由他們全權處理，我們不應該設定條件。顯然，梅西百貨的承諾程度是主要的談判阻礙。最終川普下了一個結論：有時談生意得靠直覺。他在跟梅西百貨的經銷部門主管與執行長談過之後，很確定對方會充分利用這次商機，於是他放棄了大部分的經銷控制權。

後來雙方都取得了滿意的結果，儘管談判之初各自堅持的基本前提發生了改變。因為川普的談判彈性夠大，所以他看得出授與專賣權可以增強他的力量，幫助他得到過去未曾有的其他東西。梅西百貨的主管則看中了唐納·川普簽名珍藏系列的潛在價值，也願意做出各項前所未有的讓步。

談判往往會遭遇某種阻礙。有人可能會畫下一條分隔線，如此站定立場：「非這麼做不可，否則就不成交。」

遇上這種對手，你的任務就是找到雙方皆可接受的方式，提高交易彈性並提出替代方案。舉個例子，如果對方告訴你，某項設備就是要價十萬元，不二價，你怎麼辦？或許你願意付全額，但要求長期攤銷。如果你提議分五年付款、一年付兩萬元，那對方會怎麼說呢？除非他現在非拿到全部金額不可——這種情況很罕見——否則談判空間通常還是存在的。也許你們可以討論利率。又或許對方願意降價，以換取你未來使用設備所得利益的一部分，或換取你名下另一個房地產的選擇權，或其他新協定。或許十萬元現金的要求並非不能改，但若雙方都不去討論，永遠不會發現這個事實。

這就是談判高手在說出無法收回的話之前會猶豫再三的原因。如果他對你說現在非拿到十萬元不可，而你只想付八萬，雙方將整天爭執個沒完，什麼事都解決不了，直到有一方提出替代方案。你的對手可能會說：「我要十萬元，但實際上我不需要現在就拿到全額。三年內你一定得付清。」

現在談判繼續，因為有了進一步的討論基礎。於是，或許你可以回來問他：「為什麼是三年？如果分成五年，你可以收到更多利息，這筆款子一樣收得回來。如果要的話，設備的留置權也可以給你，把你的風險降到最低。」

如果你在討論中察覺對手正在封閉心胸——打斷談話、失去耐心、提高嗓門——那麼，你應該想個辦法讓對方冷靜下來。你的目標是送出一個彈性訊息，邀請對方聽聽你的想法或讓他做出類似的回應。

遇到對手提高音量時，請你降低音量，不要隨之起舞，比賽誰的嗓門大。這有個好處是引導對方更專心傾聽。請你輕聲說這句可能有效的話：「聽我說，我想你會喜歡我這個想法。」

如果你能讓對方聽你說話，就有機會雙贏。持續的對話就是雙方發揮彈性的證明。這就是讓困難談判產生滿意結果的方法。

若雙方僵持不下，你不妨建議請第三方居中斡旋。困難的談判領域有時得靠中立的第三方才打得通，而且他們提出的解決方案往往非常簡單明瞭，讓雙方不禁自問當初怎麼沒想到。從中作梗的往往是自尊，或是其中一方或雙方過度堅持己見。

彈性有很多值得討論的面向。我列舉三個：定義底線；不同種類的彈性；表面底線和真實底線的相對關係。或許各位已經注意到了，我通常會建議各種不同的談判方法。就如同我在本書開頭說的，談判最令人沮喪和驚奇的部分，就是談判的方式永遠沒有對或錯可言。談判的問題不同於用一劑已知藥物就能治癒的疾病。參與複雜談判的各方是從頭到尾在不停嘗試錯誤。如果某個做法行不通，就換另外一個做法，一直到得到想要的反應為止。如果你在讀完這本書之後，認為什麼樣的談判情境都難不倒你的話，請再想想。當然，若你照著我的指導方針做，那麼每一場談判都將成為價值不斐的學習經驗。總有一天，你會豁然開朗，成為頂尖的談判高手。

定義底線的各個面向

「底線」原是金融名詞，指帳本盈虧的結算線。它也可以這麼來理解：以長期控制來換取某些價值相當的立即讓步，所具有的交換價值。多數人純從財務結果著眼——會得到多少錢或會花掉多少錢呢？但這麼看可能太短視了。

我仍從財務底線開始談，因為各位將參與的交易大多繞著它打轉。

你的財務底線在哪裡？

財務底線不只是某一方付給另一方的價格，它涵蓋的層面通常廣多了。你必須考慮的不只有價格，通常還包括資金籌措與付款條件、附加條件，以及你付出多少與得到多少之間的相互影響關係。這可能正是談判癥結，是最難達成共識的部分。

弄清真正的底線能幫你做多方面的思考。例如，房地產買家大多會花很多力氣議價，但真正應該費心討論的其實是房子的狀況。屋頂如何？室內設備運作是否良好？地下室漏過水嗎？是否含有照明設備、地毯和家具？上述問題的答案將有助於價格的談判。

用行銷彈性改變底線

還記得梅西百貨的授權協議嗎？川普不想把專賣權給梅西百貨，但是他與對方談成了成交後的行銷利益，使交易結果遠遠好過最初的設想——而梅西百貨也如願取得了專賣權。

由此可見，你可以在談判時用各種額外讓步，換取價格上的調整。例如，有位作者跟出版社談判，他要求一定金額的預付款，但出版商只願意付一半。這是否表示他們的交易談不成了？當然不是。雙方繼續談判。作者要求出版商拿出一定的廣告預算宣傳他的書，以拉高銷售數字，而雙方的收入也將隨之增加。出版商表示，如果作者願意多次公開現身打書，就同意這項提議。談判結束時，作者認為他的讓步換到了相同甚或更好的結果；出版商也很滿意，因為只要付較少的預付款，從而降低了作品在問世後可能乏人問津的財務風險。

行銷是通往彈性的坦途。與價格相比，彈性對整樁交易的影響往往更大。無論何時，只要你的談判對象會幫你做行銷，或你會幫他們做行銷，那麼，你就要密切注意這個層面。每一筆交易都少不了行銷，不是嗎？難道你不用自我推銷，不用推銷你的資歷、熱情，或與你交易會帶來的好處？請你時時牢記，從開始一直到結束的每個談判階段，你都在推銷。

以短期的額外代價換取長期利益

人們在談判時往往很短視，因而缺乏彈性。舉例而言，如果你跟只想拿到自己心中價格的人談判，那麼，從你的長期利益來看，不妨放棄降價的想法，換取未來更具價值的東西，例如未來交易的機會。川普曾以高超的技巧利用從屬利益，完成多筆驚人的房地產交易，包括向毗鄰的房地產所有人以高於市價的價格購買未利用空間權，以便合法建造全紐約市最高的住宅大樓。川普以高價購得蒂芬妮公司的空間權，也在交易中得到蒂芬妮手中的購買鄰近土地的選擇權，為川普大樓日後的交易埋下伏筆。

川普懂得怎麼和人做生意，找出對方要什麼，再用合乎對方需要、同時滿足己方需要的方式，把對方要的東西給他們。**因為大多數人只看眼前利益，而川普看得很遠**，所以他占有優勢。當川普去找毗鄰地主談川普世界大樓的事，提議立刻付現購買他們閒置未用的空間權時，地主們說：「當然好呀！」他們很高興能把以為永遠不需要或派不上用場的東西轉手。也許有人會想：「這傢伙為什麼要買我的空間權？他這麼迫切需要，表示我的空間權應該有更高的價值。」面對這樣的懷疑，川普自有說法。他告訴對方，以每平方英尺來計算，如果他用更高的價格購買其他任何一個人的空間權，那麼他願意依照合約也支付更高的價格給對方。利用這個簡單的手法，他從同一街區的所有地主手中取得了所有的未使用空間權，完全沒有受到刁難。

以短期利益（例如：現金，或同意對方的價格）換取一項或多項長期利益，這種做法將使你獲益良多。換句話說，開啟未來在友善的環境中談判的能力，值得你付出短期的額外代價。

保持彈性才是將利益最大化的好方法

一般人認為在談判中保持彈性是不好的。有些人將任何願意考慮替代方案的意願視為懦弱的表現。這其實是一種常見的誤解。

善用彈性有利於己。在面對衝突時提出可能的妥協方案，或更好地建議另一個處理問題的方法，都顯示你有談判技巧，而非顯示軟弱。站定立場、拒絕預算的人才是真正軟弱的談判者，因為他們不願意探索讓交易結果更好的可能性。拒絕改變的談判者根本不知如何將交易的正面價值最大化。

彈性運作小議題，守住大重點

在某個小重點上有彈性，不表示你在大重點上容易被擊敗。請用心區分跟次要議題有關的討論和跟主要議題有關的討論。你可以採取一個聰明策略：從談判開始到結尾都展現出讓對方贏得小重點、讓步與向對方屈服的意願——但只限於次要議題。

當大重點來了，要求對方回報的時刻就到了。你可以說：「你要求的每件事我差不多都讓你了，你也應該給我點什麼才算公平吧。」這個手法很有效果。你在小重點上做出了一連串不甘願的讓步之後，接著堅持這次輪到你贏了。規劃這項策略的一個好辦法是控制議程，把你認為應該討論的各項議題列出來並加以排序，把所有你願意讓對方贏的重點——次要重點——放在前面。你或許可以用稍快的速度把次要重點走完，大致上都讓對方贏。這麼一來，談判到大重點的時候，你的彈性將成為一項有力的優勢。

這帶出了另一個關鍵：追蹤議題以及它們解決的方式。**優秀的談判者就是優秀的記分員。你能藉此達到兩個目的。第一，增加你對重要事項的影響力。第二，讓你握有連貫的紀錄，便於核對各項交易條件。**「記分」就是把每個人說過的話記錄下來。在歷時較長的談判中，你可能會想寫封信或寫張備忘錄，定期交給對方。當簽約在即，只要你檢視手中詳載談判細節的筆記，就能輕鬆掌握所有交易條款。當然，你應該自願草擬合約書，因為就像前面說過的，這麼做非常便於控制文件。

讓對方在不知不覺中失去主導權

請記得，協商某個重點只是整件交易談判的一部分。你調解歧見和談判前進的路徑可以是迂迴的；**你可以採取各種有效策略，讓對方產生幻覺，以為你很有彈性，實際上卻在不知不覺中讓你主導了談判。**

上一節討論過的策略——做出讓步，讓對方贏得小重點——便是主導議程與最終結果的聰明辦法。

先提出「廢物」策略，再提出真正想要的方案

另一項策略則是，提出明知對方不會接受的想法並硬要對方接受。你先堅持己見和對方爭辯某一點。你故作姿態，裝出為了讓對方接受你的想法而奮戰不懈的樣子，最後再同意讓步，並提出替代方案。它才是你的真實意圖，但對方並不知情。與前一個提案相比，這第二項計畫可行多了，因此對方很可能願意接受而不抗拒。這項策略——提出一個令人無法接受的糟糕計畫，來使對方接受你真正想要的計畫——有時被稱為「廢物」策略。它將相對論發揮得淋漓盡致。對方的人會說：「我是因為第一個計畫太糟糕，才會同意第二個提案。真高興他提出替代方案。」如果A計畫（廢物計畫）和B計畫都不被接受，請你將兩者一併捨棄，並在已讓步的列表添上一筆，等到你想要求對方在另一個大重點讓步時使用。

你的重要性來自你的選擇

想讓談判更成功，就要擴大你對底線的定義。成功的談判者知道如何設定目標，如何規劃達成目標的路線，如何正確評價達成目標之後的結果。這其中所涉及的，遠超過交易的數字面。川普經常運用這項原則。他的眼中總是閃爍著他想要化為現實的願景。當他使殘破、蕭條的船長飯店搖身變為一流的飯店時，他的願景涵蓋了很多層面。那件任務令人望之生畏，但川普知道，像君悅這樣一棟大飯店將振興中央車站整個周邊地區，從而為他樹立聲譽。他也明白，一旦贏得魄力有為的好名聲，高知名度將隨之而來，為他敲開一扇又一扇通往更多報酬和大規模建案的大門。能在君悅大飯店的案子上賺多少錢並非川普念茲在茲之事，雖然最終他是從這個案子賺進大把鈔票沒錯，但那只是宏大願景的衍生物罷了。川普是友善的白色騎士，他促成了交易，也替每一個跟該房地產有關的人解決了一個大麻煩。你選擇要看重什麼事，別人則視你的選擇來決定你對他們的重要性。

用一萬抵十萬的談判法

正如我之前說的，多數人一心一意只想著交易的金額面——我會賺多少錢或要花多少錢？但這是大多數人共有的盲點和缺陷。所以你可以視需要來決定投入多少籌碼，巧妙利用他人的這種短期思考。

舉個例子，假設我想向某人購買一棟建築物。我願意付四十萬元，而對方要求五十萬元。我知道標的建物可能有接近五十萬元的價值，但我想到一個新穎的變通方式，可以讓對方降價。我剛好有一塊空地，一直以來都是我財務上的燙手山芋。它沒有污水設施，沒接電，也缺乏實際的使用目的，所以現值很低。我是付一萬元買的，但是請人估價的結果顯示該地具有六萬元的價值（如果開發的話）。

我很想脫手，而且本來就打算不管能賣多少錢；也許最多不會超過十萬元。我想讓這塊地成為討論的一部分。我很清楚，就算我把價格提高到四十一萬元，對方也不會覺得我有誠意。但是我說：「我們把這筆交易調整一下。如果你同意用四十萬元賣給我，我就把名下一塊地點很好、估價為六萬元的建築用地送給你。」

現在我可以說：「你看，我已經從四十萬加價到一半有多了。現在四十六萬元放上談判桌了，而且那塊地在未來還會增值。我想這筆生意對你來說很划算。」

這是利用對手的短期財務思考的一個範例。雖然你名下那塊地現在對你而言一無是處，你也很願意用一萬元把它轉手，但這件事實並不重要。該地確實具有至少六萬元的未來潛在價值，只不過這個價值可能在明年發酵，也可能需要十年的時間才能顯現。這個談判方法很高竿，因為它可以把賣方的注意力從固定的定價轉移到擁有另一片土地的潛力想像上。所以，任何能讓你轉移注意力的事情，就值得你在對方身上試試看。

謹記自己的底線願景

請你在談判時自問：「我為什麼談判？我需要或想要從這場談判中得到什麼？我是因為談判過程很刺激，所以才參與嗎？我想賺錢好早點退休嗎？這筆交易會讓我獲得獨立能力嗎？」每個人都有各自的底線願景，切勿預設大家想要的都一樣。和實際的底線數字相比，底線願景是模糊無形的。許多人喜歡把注意力放在財務底線上，是因為這給了他們一種掌握可量測之事物的感受；但實際上，他們可能不清楚自己真正的底線願景是什麼。

舉例而言，有些人想得到尊敬，成為名聲遠播的精明投資人。他們真正想從交易中得到的是對這項事實的肯定。如果你知道對手有這種底線願景，就可以在談判中加以利用。例如，你可以說：「我對這筆房地產感興趣，就像你一樣，我自認是個精明的投資人。凡是有價值和前景的東西，都逃不過我的眼睛。幾年前你買下這份房產的時候，它還沒有今天的價值。我很清楚你有遠見，知道它會增值。不過，我想你把增值幅度高估了。」

你大可承認對方有遠見，因為這麼做不意味著你需要放棄任何東西。希望被視為精明投資人的對方很可能會對這項戰術做出正面回應，接著，你們就可以開始討論他會接受而你也願意支付的價格。

只有單一目標並不足以參加談判。只有單一目標的人免不了會遭遇從來就沒想過的問題。雖然你有可能在談判之初始料未及之處想出創意性替代方案，但你畢竟可以先選定可接受結果的範圍，藉此訂定目標。反過來看，你在談判過程中即席提出的創意性解決方案往往會讓對方覺得很有吸引力；如果對方不知道那其實是深思熟慮的結果，就更容易受到吸引，而且你也向對方證明了你正在努力協助他們實現目標。

喬治・羅斯說：畫定底線區與彈性區，談判才能收放自如。

1. 說出口的話覆水難收，談判高手不輕易說出「非如此不可」；有時可找第三方化解僵局。
2. 保持談判的彈性是為了爭取更大利益，方法是在小議題上多讓步，在大重點時就可要求對方回報。
3. 先提出一個對方絕對不會接受的B方案，並據理理爭，最後再同意讓步並提出A方案，而A方案才是你真正想要的結果。
4. 談判結果不能只用金錢衡量，你選擇看重什麼，別人會視你的選擇決定你的重要性。
5. 談判中隨時自問「我為什麼談判？我想從這次談判中得到什麼？」同時也分析對手的底線和願景，知己知彼，百戰百勝。

9 文件紀錄也是致勝的關鍵

人們很容易在沒有詳盡計畫或策略的狀況下開始談判。然而，在開始談判時準備得愈充分——你對另一方知道得愈詳盡，愈了解他們的背景和名聲，愈熟悉議題和市場研究——談判時就愈占優勢。

川普參與製作電視節目《誰是接班人》的談判方式，就是一個很好的例子。因為他很了解談判參與者，所以談起來非常有效率。他知道一個很重要的事實：節目製作人馬克·伯納特（Mark Burnett）需要他讓這整個想法發光。伯納特也是真人實境秀《我要活下去》的製作人，原本想把《我要活下去》的節目給美國國家廣播公司（NBC）播，但對方沒有接受，所以最後給哥倫比亞公司（CBS）播出。沒想到《我要活下去》一炮而紅，證明了好的真人實境秀是可以成功的，也讓國家廣播公司知道他們當初的確應該播出。所以，當伯納特想到新的點子時，很容易推銷給國家廣播公司。他的節目模式不只被肯定為好的想法，還是叫座的好想法。

但伯納特仍需要川普這種家喻戶曉的面孔，才能把《誰是接班人》賣給國家廣播公司。川普了解伯納特的需要，對他說：「好，我加入，但條件是我要當合夥人，什麼我都要分一半。」伯納特同意了。

接著，伯納特和川普跟國家廣播公司的主管會面，提出構想，並且開始談判。國家廣播公司起初想獨占所有和節目相關的權利，遭到伯納特和川普的拒絕。最後兩人同意給國家廣播公司在美國境內的節目專屬授權，在世界其他地區的所有權利則由自己保留。因為伯納特和川普是平起平坐的合夥人，也都是經驗豐富的談判高手，而川普又和國家廣播公司主管有著很好的關係，所以他們能談成交易。伯納特知道國家廣播公司很眼紅哥倫比亞公司《誰是接班人》的成功，而川普認識國家廣播公司的關鍵人物。兩人是有備而來的。他們知道，國家廣播公司自覺當初沒有接受伯納特提案是個大錯，願意為了《誰是接班人》而放棄某樣有價值的東西，而這樣東西就是國外權利。

國外權利不只包括販售節目的權利而已，節目形式的所有權以及在美國地區之外數百萬美金的播映權也都包括在內。川普和伯納特可以把使用節目形式或概念的權利賣給外國的授權對象，讓他們製作當地的《誰是接班人》版本，而且這些授權對象還必須購買在美國拍攝的《誰是接班人》節目。國外權利市場包括筆、襯衫、帽沿印有「You're

Fired」（你被開除了）字樣的帽子等周邊商品。在美國地區的相關周邊商品收入由三方分享：五成歸於國家廣播公司，另外的五成由川普和伯納特均分。在美國之外的一切則全歸伯納特和川普所有。

這筆生意對川普來說很合算，因為國家廣播公司已經為節目付了高價，包括拍攝完成在內。國家廣播公司首播後，伯納特和川普便擁有將節目販售至世界其他地方的自由，完全不需要和電視臺分享收入。

這整筆交易是以兩項重要的事實為基礎：川普知道伯納特需要他，而伯納特知道國家廣播公司想要一個成功的真人實境節目。我猜，如果當時《我要活下去》不紅，也沒有人——電視臺、製作人或川普——知道《誰是接班人》會有何模樣，那麼這樁交易應該會有截然不同的發展。

就算是上述這種雙方都有成交意願的情況，談判難度仍比大多數人所想的更高，很難準備好。既然好的談判者要對如何進行談判胸有成竹，並事先為突發狀況做好準備，建議你先問自己這些問題：

・你計畫說些什麼？

- **你要如何回應對方說的話？**
- **如果談話陷入僵局，你將說什麼？**
- **你願意而且能夠做出哪些讓步？**
- **你對於另一方有什麼期待？**
- **你會跟誰談判，他們的動機是什麼？**

你知道的愈多，在事前以及實際談判的過程中發現愈多事，對於最終結果的控制力就愈大。當然，控制意味著善用每一條通道來達成你想從談判中得到的結果。這就像你去想像某個你認為很有發展可能的劇本或故事情節。故事的發展也許無法盡如你意，但一旦你開始著手（一路上可能得不斷修改劇本），你就會很有效率地朝著結局前進。做好萬全準備，就能擁有強大的談判威力，而且對方愈是欠缺準備，你的威力將愈大。

充分理解談判議題為自己爭取更多空間

只要你比其他人準備得更妥當，就能得到談判的控制權。這項挑戰沒有你想的那麼嚴峻，只要你想想大多數人在進入談判時的準備程度有多糟糕，就知道我此言不假。人們會用最簡單的方式詮釋談判議題，通常只重視價格和時點，很少想到別的。然而，任何談判都不會只有這兩項因素。請你在做談判事前準備和資訊整理時，將下列事項牢記在心。

挖掘與對方有關的資訊

談判應該從了解對手是誰開始。他們是什麼背景？過去的成績如何，又代表了什麼意義？在你認識的人裡，誰跟他們打過交道、又能告訴你什麼？他們的名聲怎麼樣？跟他們打過交道的人抱怨過嗎？

無論看起來多不重要的事，只要能協助你洞悉對手，就有價值。談判基本上是有關條件的討論——價格、期限、包括和不包括的事項——但最終取決於交手的雙方。因此，如果你認識對方、知道他們的動機，他們對你卻所知有限，那麼你顯然具備了較容易談判成功的能力。對另一方了解愈多，贏得的重點可能就愈多。

你可以從很多來源找到關於對方的資訊。去找認識對手或曾經跟他們交手的人聊聊。打電話給你認識的人，問：「關於此人，你知道什麼？我能信任他嗎？跟他談判的時候，採取什麼做法最有利？」

也請你善用網路、律師公會（如果對方是律師）以及商業改進局，看看有無相關資訊。在談判的時候和對方的人聊聊，看他們知道什麼。有時，決策者的助理如會計師、律師或其他主管等，可能會先和你進行初步討論，老闆最後再出馬為交易寫下句點。問問這些參與早期階段的人對老闆有何了解：他是怎麼做決定的？他做決定的速度通常是快還是慢？決定前是否需要經過其他人的同意？如果你措辭得當，就能以友善的態度取得大量資訊，而且完全不會給人包打聽的感覺。

談判就是推銷

談判之初，我會先找出在對方心中留下正面印象的方式，並利用這個正面印象說服對方，讓他接受我的立場。**談判就是推銷。**為達此目的，我知道我必須投入時間和努力去找到行得通的做法，知道如何支持己方的主張，以及對方應該同意己方主張的原因。我得做好充分準備，證明自己的構想確實公平合理。如果我也能讓對方認同我的構想，那麼我的談判紀律就值回票價，而結果也能讓每個人都滿意。

文件是贏的關鍵

我總是非常詫異那麼多人幾乎兩手空空、莽莽撞撞就去談判。這麼做是大錯特錯的，因為文件是贏得談判重點的關鍵。請記得：「合理化煙幕」——相信某件事物具有真實性或法律效力——主要是以人們讀到或看到的東西為基礎。如果你拿著空白表格對另一方說「我們通常都用這個」，那麼你這份載有各項條件的表格就成了「標準表格」。當你總結自己的研究結果時（應該從對己有利的角度去寫），不妨印成文件。與口頭陳述事實相比，對方會認為文件較有可信度，接受程度比較高。如果你把自己對交易的構想以書面提案，那麼，跟什麼都沒帶、只有一本筆記本和一枝筆就來談判的人相比，你會贏得更多。

凡是能支持你的主張和你希望達到之結果的文件，無論其形式為何，都請你帶去開會。舉個例子，假設我想買家具，去一家在我看來定價過高的家具行看看，那麼，我會把其他同類但定價較低的家具行的廣告單帶在身上。我可以拿著這份廣告問銷售員說：「你們的價格怎麼這麼高？」如此一來，我不但把合理化價格或提出解釋的壓力施加在銷售員身上，還立刻占了上風，因為對方往往只有自己店內產品的事實表列，對於價格比較或競爭對手的優缺點不是一無所知就是所知有限。就算銷售員對所有的事實瞭若指掌，只要你的手中拿著一份文件，仍然很容易替自己的立場辯護。

你最有力的工具：交易紀錄

交易紀錄是歸檔和立即查找資料的可靠方法，共分為兩種。第一種我稱之為「總帳」。川普每天都用「總帳」做紀錄，雖然他把很多資訊記在腦子裡，但是他明白詳細記載每件事情的重要性。因此，他會把誰打過電話給他、他打過電話給誰、討論了什麼等等記下來，接著再請他三位祕書中的一位把紀錄整理成合適的文件，寄給川普集團中需要知情的其他成員。我自己也有一本總帳，用來記錄每日電話、一切談話內容、電話號碼，以及需要進一步行動的資訊。它是一本內容不斷增加但頁數固定的記事本（我不用活頁紙）。我的這本總帳是我的工作聖經，永遠放在我桌上的固定位置。因為它，我可以追蹤自己說過的話和對方的反應。這麼一來，就算對方回頭否認他們說的話，我也可以查證筆記。我也把有效和無效的談判方式記在總帳上——它是談判過程中絕佳的記憶喚起指南。

如果你覺得用記事手冊、索引卡片、電腦或PDA記總帳比較順手，儘管自行選擇，但請務必以有系統的方式歸檔，以便在需要時盡快找到重要資訊。要想把總帳或交易紀錄變成有效的工具，就必須時時更新。接下來，我們看看為了特定交易而量身訂做的交易紀錄。

以交易紀錄當作核對清單和萬用記事本

有效的交易紀錄的關鍵是：小心記錄每件事情，把談判計畫、電話號碼和地址以及每個零碎的資訊都逐一寫下來。只要切實做到，就能把交易需要知道的一切匯整於一處。切記：交易紀錄愈完整，談判威力就愈大。

下一頁有一個交易紀錄的例子。它反映了一樁相當單純的交易。如果交易總共開了數次會議，那麼紀錄上將記載每次會議的日期、地點以及與會人士。所有的開放性議題和預期的解決方案都會記在交易紀錄上。任何有意思的新資訊只要傳入我耳裡，都會寫進交易紀錄，一旁並註明新資訊對於交易或我的談判技術有何影響以及我的反應。交易紀錄也應該包括每場會議的時程表，以及範圍更大的理想時程表，包括整樁交易在數天、數週或數月不等的時間內所進行的每一場會議。交易愈複雜，你愈需要有效和條理分明的交易紀錄。

詳細的交易紀錄是要花很多時間、力氣與思考的，然而一旦它成為你的工作習慣，你就能在任何時間停下來去做別的事。當談判再次熱絡，你仍清楚記得上次談到哪兒。假如你因故必須指派他人代你談判，他們也能完美銜接，不會有任何遺漏。各行業的交易固然有許多相似之處，但條件和面孔會改變。所以無論你的記性有多好，還是難免會搞混交易，帶來了危險。在擔任葛德曼和迪羅倫佐的律師的期間，我曾於十年內親自經手並完成七百零二件不動產交易。要是我不懂得交易紀錄的技術，一定會大感混亂，毫無效率可言。

用交易紀錄追蹤重點

你應該利用交易紀錄來製作重點核對清單，內容包括：雙方同意了哪些事情、哪些項目仍未確定，又需要什麼才能解決。這有助於你整理和追蹤談判。要討論的小重點可能有數十個之多，若沒有交易紀錄，將會失去線索。

你也可以檢視對方做過的聲明。例如，要賣房子的人可能會說「我裝了新屋頂」，你就把這句話記下來，作為日後的依據。你可能會想查證很多聲明和陳述。不妨將它們列在「待查」表單上，待查證或確認不重要或只是浪費時間之後再篩掉。

表列正在或即將討論的重點

記分是個有用的好習慣。因此，我會在談判的同時列出正在或即將討論的重點，概述雙方的差異。我稱之為**「人我表列」**。我可以從人我表列看出呈現或維持膠著狀態的每個領域，並排列待決事項的優先順序。那些應該立刻丟棄？哪些會導致談判破局？哪些事項需要更多討論，或許也需要提議妥協？

舉個例子，我想在六個月內結案，但對方想在三十天內結案。這很可能是個嚴重的爭議點，需要在最終談成交易之前加以解決。我和對方必須優先加以處理。

如果表列得夠完整，那麼爭議點將一目了然，易於管理。人我表列可以將看似無法攀越的爭議拆解成一個個小議題，看起來更容易處理。你可以在談判的各個時點討論表列上的事項，問對方：「你要的全在這兒了嗎？如果我們解決這些議題，就全部討論完了嗎？」

假設一個情況：對方確認你已經列出所有未決的交易重點，但是在相當一段時間後又提出新議題；這可能是因為對方想要持續更動談判主題。此時，人我表列就派上用場了。你可以說：「等一下。你不是跟我確認過這張表上概述的所有事情已討論完畢嗎？你提的這些新項目是從哪兒來的？」就算你無法完全辯贏，至少要讓對方解釋他們的新立場並覺得尷尬。對方可能已經把一兩個小重點忘了，但交易中所有未決的重要條款基本上都應該列在表上才對。這麼一來，日後他們將很難將新的大重點加到表上。這張表意味著一個關鍵問題：「如果我們把這些問題全解決了，是不是就能成交？」如果答案是「不」，請找出缺了什麼。如果答案是「對」，請挑出你想討論的事項並以你想要的順序來討論。完整的交易紀錄會讓這樣的討論變得很清晰。

寫一份自己的願望清單

願望清單是概述你所有希望達成的事，不必然是已經發生或將會發生的事。如果我想在六個月內結案，而對方想在三十天內結案，我們就有一項懸而未決的議題，於是我會在願望清單上寫下：「如果我支付大筆頭期款，或許可以讓對方把結案日期延長至四個月。」

交易的任何部分，只要是你希望談判的，都可以列在願望清單上。你的願望不一定都能成真，然而即使是未贏的事項也具有讓步價值。因此，願望清單有助你釐清眾多需要額外談判事項的優先順序。

交易紀錄的重要事項：人、目標、策略和戰術

開始談判之前，請記得：先進入你和己方談判成員的「**POST**」時間。POST是Persons（人）、Objectives（目標）、Strategies（策略）與Tactics（戰術）的縮寫。你的交易紀錄應該包括這四項，於進入談判之前完成。

．**誰是決策者。**你需要知道誰在場、他們的角色或授權程度，以及這筆交易能讓他們得到什麼好處。身分不明者是雖然在場、但身分或談判角色不明的人，他們有可能是真正的決策者，果真如此，你就該直接針對他們發言。

假設有個人走進會議室。我試圖得到更多資訊，但不想顯得太直率。我說：「很高興見到你，請問你和這家公司是什麼關係？在這次討論扮演什麼樣的角色？」如果他告訴我是純為擔任某人顧問而來的，那我就知道他的角色了。我可以接著問：「喔，這麼說你是顧問。你專長什麼領域？這類型的會議你參加過很多次了嗎？」我採取感興趣而友善的態度進行討論，同時取得想要的資訊。例如，如果對方告訴我：「我是來這裡確認你們不會超出預算的。」這表示他是財務顧問。我問：「預算是你還是其他人準備？你們是怎麼決定流水式預算的？」我現在知

道跟財務有關的話題應該對著這個人說。我說不定也能發現不為人知的極限或限制。除了知道與會人士將在談判中扮演的角色之外，我也把關於每一個人（包括我方在內）的資訊列表載明。如果我方有人的回答反應太快，那麼我會要求他緘默，除非我問他，否則不准發表意見。如果有人喜歡博取他人的喝采，那麼我得確定這個人有團隊合作的精神，讓他清楚主導者是我，應該由我發號施令。我也會列出對方的種種特性，並推測他們的律師是為了提供法律諮詢而非商業諮詢才來列席的（我必須在談判進行中查清楚）。

- **目標。**會議的目標為何？你所設定的目標必須是可測量或可於會議中達成的。假設我要跟賣房子的人開第一次會。我想在會中買房子嗎？不想，這只是試探性會議。我想要了解這棟房子是否值得我繼續研究。現在我只想取得一些初步資訊，就這樣而已。我想確定我會跟誠實、可以信任、相談愉快的人交手。這是一個值得追求的目標。

當然，我不會告訴對方我當天不打算簽買賣契約。我會保持魅力，不會洩漏自己的想法。如果太早讓對方知情，就得不到最佳交易。為達成談判目的，我選擇向對方走去，對他表示有興趣買這棟房子。我開這次會議的目標並非購買，而是決定我會否考慮購買，以及這件事是否值得我花時間和費用進一步討論。也許我會發現跟對方不好打交道；但我仍達成了會議的目標，因為我沒花一毛錢就將賣方或那棟房子排除在外。

現在請試想，如果我沒有清楚目標就去開會，會發生什麼事？（這恰巧就是大多數人的開會情況。）呃，在這種情況下，什麼事都可能發生。人們在逛街的時候說他們只是「逛逛」，最後卻買了一部新的大螢幕電視，甚至一部車或一棟房子。這種情況，你見過幾次？如果他們只想查價，等下次開會再做決定的話，結果會有什麼不同？沒有清楚目標就去開會的人，將無法控制最後的結果。

．**策略**。你應該事先規劃要使用哪個談判策略。策略是關於如何表現行為、觀點（是否對交易目標感到興奮、厭倦、熱情）的決定。在熱絡的市場，你不會想表現出對交易提不起勁的態度。你一開口就要說：「我準備開的價格，其他人根本沒得比。」你不一定會這麼做，這只是你為了取信對方、讓對方聽你說話而採取的戰術。如果你知道會有不少人開價，你就要讓對方覺得你最急切。其實，你可能不想出比其他人更高的價格；不過只要你還在談判，就必須讓對方覺得你是談判桌上最認真的一個。

另一個策略常被稱為「黑臉白臉」，也就是己方有一個人表現出合作的意願，另一個人卻抱持全然負面的看法。這個策略的進階版，是在不同的談判階段反轉角色。這麼一來，對手就搞不清楚誰才是真正的決策者。談判高手有一項特徵就是難以預測：它可以混淆對手的視聽，讓他們不容易擬定有效的談判計畫。

兩人組還可以玩另一種角色扮演，就是由一個人負責講話，另一個人幾乎默不出聲，只負責筆記。特別是在談生意的時候，談判者往往會帶人一起開會。以前有位證券公司的老闆因為一張買單被下成賣單而和經紀商爭吵。他損失了好幾千美金，但這是經紀商的錯。於是，證券公司的老闆去找經紀商談判，想解決這件事。他帶了會計師一起去，並對會計師說：「穿上灰西裝、打條舊領帶，不要微笑也別說一句話，就這樣。最重要的是，只要這傢伙一開始說話，你就開始寫東西。」

想當然爾，這個戰術發揮了效果，讓經紀商窘迫不安，因為他覺得自己陷入了訴訟的困局。為了避免在他看來可能所費不貲的訴訟，他最後同意為錯誤賠錢。在現場做筆記的人是一項威力強大的武器，能使對方憂慮。（經紀商當初應該問：「你是誰？你為什麼在做筆記？」）但人們通常不會問出口，而且就算他們問，也願意接受隨便應付的回答。

我在談判時從來不直接和做筆記的人打交道。但如果有人在做筆記，將會中所說的話寫下，我就必須掌握這個情況。我會問那人是誰以及對方非詳細記錄不可的理由為何。

・**戰術。**戰術指的是由誰做什麼來執行策略。由誰負責說話，由誰負責做筆記？由誰扮白臉，又由誰來扮黑臉？請你事先做好戰術規劃。假設一對夫婦決定使用的策略是「黑臉白臉」。我們來看看可以執行這個策略的戰術有哪些。妻子說：「我覺得這房子非常好，真想住進去。」丈夫說：「我不覺得有那麼好，而且太貴了。我們的預算跟你開的價格差太多，而且我認為這房子定價太高了。」妻子的口氣聽起來非常想買房子，但丈夫不是反駁她的想法，就是不說話。於是，賣方或賣方的仲介此時明白要說服的對象是丈夫。為了說動頑固的丈夫，仲介很可能會做出一些讓步——售價，過戶費用和檢驗費用的付款方式，或提供家電或家具。

為了促成交易，仲介可能會考慮各種方式。以此例而言，丈夫——以不發一語的方式——確實可以爭取到更好的交易和各種讓步。這麼做比直接開口要求有效。同一方的兩個人輪流扮演對方的角色，就可以在談判中占得上風。但是做法要正確；如果玩太過火，最後變成只是在玩弄對手，那麼談判可能就此走下坡或完全終止。

每次談判後立刻檢討

在開過談判會議或講過談判電話之後，你應該立刻和己方的人員檢討結果。請你趁著大家印象還很深刻的時候立刻做，並且把發生的事情寫在交易紀錄上。每件事都要記，標註你認為的重點。提到了什麼新事實？哪些談判立場變了、為什麼改變？在壓力下的人的記憶很快就會變得模糊，想不起談判時發生過什麼事。

會重複遇到相似談判情境的人，尤其應該落實立即檢討。如果你不隨時記錄最新進展，就會開始搞混、犯錯。請在檢討的過程中自問：

・目標達成了嗎？如果沒有，為什麼？

為什麼沒得到我們要的東西？有句老話說：「如果你不知道自己要去哪兒，那麼隨便哪條路都會帶你到目的地。」如能事先訂定目標，你就有了評估日後表現的衡量標準。就算達不到目標也可以從中學習，改進下次的表現。

・什麼地方好、什麼地方不好？

哪裡出了錯？我做的哪些事情有效、哪些無效？剛剛我如果怎麼做可以得到比較好的結果？下次開會前我們該做什麼？談判的時間表是否在我的控制中？人可以從過去的錯誤學到很多，你可以利用這些教訓改善技巧，這麼一來，下次開會就不會再犯類似錯誤。凡是想提升自我的人，都必須自我分析，在談判中如此，在其他的生命處境也是一樣。和己方每一位與會人士聊聊，看看他們有什麼跟你不同的觀點。如果你因為對方說的話而驚慌失措，那麼請找人給你批評指教，免得你下次又做出相同的反應。

・該如何修改原先的假設？

談判開始時一定要做一些假設，同時也請做好在每次會後修正或刪除假設的心理準備。你帶著某個想法去開會，開完會又帶著另一個想法回來。舉個例子，我假設購買價格是有彈性的，可以經由談判降價。但現在我發現賣方不願意在價格上妥協，而對方也說明了他的理由。如果賣方的話能信，那麼價格的假設可能就必須修正。只要我接受新立場，就必須定出新假設。切記，假設只是你的看法，並非事實；它們是起點。你得先列出一系列假設，才能推動談判進度，但是，當你得到額外資訊時，請對修正假設的機會抱持歡迎的態度。繼續在錯誤的假設上作業才是最糟糕的。請你務必定期檢測假設的真實性。如果你想要成為有效率的川普式談判高手，就必須保持彈性，拿出依據資訊來改變假設的意願。

．應該如何排定下次會議的進度和時間？

如果賣方說：「在三天內不完成交易的話，我就去找別人。」你便必須判斷他們要求快速成交的原因為何，是否只想藉此施加壓力於你。如果你想接受對方給定的時間，就必須在時間內結束交易，但你也能利用這一點來創造優勢。你可以這麼回應：「我的工作速度很快，沒人能跟我比。我有的是錢，想跟我打交道的銀行一大堆。我的信用很好，而且我可以全部付現。我會叫我的律師今天就打電話給你的律師。我會把合約書準備好給你過目。」無論對方出什麼招，你都可以借力使力。你可以利用賣方需要快速得到最終結果的表面需求來起草合約書，以對你最有力的方式列出交易事項。這麼一來，你就把三天期限的壓力轉化為起草所有文件的機會了。這豈不划算？

．筆記該怎麼處理？

任何會議的筆記都必須立刻歸檔（記在交易紀錄或電腦上）。你必須在談判過程中時時更新檔案。人很容易忘事，幾個星期之後，你可能會看著筆記，卻連討論的主題都記不得。筆記要註明日期，整理得有條不紊。筆記會成為核對清單的一部分，它能幫你確認自身的立場、同意過的事情，以及尚待討論的事項。想贏得談判，就不能沒有筆記。

＊＊＊

大多數的談判會歷經相當長的一段時間，與會人士在不同的時點開多次會議，環境和情勢也會有變動。我稱此為「交易片段化」：在多個階段就重要性各異的事項進行多次談判，但這些事情都是整樁交易的一部分。

當你開完會、整理好筆記時，不妨寫封信給對方說：「很高興我們就下列事項達成了共識，這讓我相信我們能在不久的將來達成最終共識。」如果對方不同意信上的事項，就會來找你，讓你知道。然而，如果他們不加評論就接受了這封信，就等於默認了你在信中陳述的一切。此即默示同意。為預防可能發生的潛在問題，你還可以在信中加上一句話：「如果你對信中的任何事項有不同意的看法，請立刻讓我方知道。」日後要是對方還有問題，你可以說：「我在幾個星期之前就已經寄信給你，確認過這件事了。如果你當初認為信中所言有誤，收到信的時候為什麼不告訴我？為什麼現在才提出來？我們為什麼要浪費時間重提已經解決過的議題？」

把共識寫成文件，標上明確的日期或談判階段，這麼一來，它們將成為事實，而你也秉持著誠信繼續談下去。日後，對方就很難提出異議，你也更能掌握情況。我不會每次開會都寄這麼一封信，只針對冗長談判挑選重要的里程碑，以信件記錄新的或一些過渡性的共識。你不想在對方心中留下太熱切的印象，也不想用文件連續轟炸他們，否則對方可能會覺得必須謹言慎行。你可以在每三到四次會議後寄一封信，概述已獲雙方同意和尚待討論的各個事項。這麼做等於為雙方釐清談判進展。其他做法——等待進度向前推進——不會讓任一方得到控制力。很少人會不怕麻煩地記錄討論內容，因此，文件紀錄就成了一項有力而重要的工具。**有完備紀錄的一方，通常是贏家。**

喬治．羅斯說：蒐集的資訊愈多，談判時就愈占優勢。

1. 無論看起來多麼不重要的訊息，只要能協助你洞悉對手，就有價值。
2. 以總帳記錄與談判相關的訊息，記錄得愈完整，談判時的威力就愈大。
3. 事先規劃要使用的談判策略及戰術。
4. 每次談判後趁記憶猶新，立刻檢討，並將發生的事記錄在總帳裡。
5. 當雙方有共識，應主動寄出會議紀錄，避免對方反悔。

第二部
川普式談判如何因應特殊情況

10 強效談判術的作用力與反作用力

本章所述的強效談判戰術能助你控制談判的調性和節奏。但是你得小心，如果誤用，會適得其反。以下是令我終身難忘的一次經驗。

在我職業生涯的高峰時，我是靠殺手般的直覺來談判，只要覺得有效果，任何戰術我都用。那時候的我有點不成熟，總以為若是解決問題的最佳辦法是把擋路的人一腳踢開，就該利用手上所有的合法手段。有一次，我和一位女律師交涉租賃事宜。她很聰明，但是很難合作。我們討論的每件事都必須按照她說的方法做，否則免談。我因此認為她是雙方成交的一大絆腳石。雙方意見分歧的時候，她往往變得很情緒化。我認為可以利用她的情緒增加自己的優勢，於是，我開始抬高音量，裝出不高興的樣子。（這有時候是很好的戰術。如果你對著人叫喊，他們往往會害怕，而變得比較容易打交道。）我觀察她的肢體語言，知道這種展現男子氣概的辦法在她身上很有效。最後我判斷，如果能讓這個女人哭出來，說不定就可以要求她的客戶換律師。於是，我不斷譏諷挖苦和欺負她，一直到她掉眼淚為止。接著我對她的客戶說：「你的律師這麼情緒化、一直在哭，你怎麼能要我跟她談判？那家法律事務所應該有比較理性的人吧。」她的客戶同意我的要求，換了律師，而接手的那位律師好共事多了。我的威嚇戰術發生了效果。

不過，那只是故事的一部分而已。

我將這項戰術謹記在心。後來，我又在另一次談判中遇到一位精明狡猾的年輕女律師，在我看來，她也是個不利於理想談判結果的障礙物。我憶起先前的成功經驗，心想：「嗯，如果威嚇年輕的女律師頗有效，再試一次又何妨？」於是我開始朝這方向走，拉高音量，很快地，這個女人說：「喬治，我們到外面私下談談好嗎？」我說：「當然好。」以為她很容易屈服。我們到了走廊的時候她對我說：「我很清楚你在玩什麼把戲，你要是繼續這麼做，我會當著你客戶的面把你閹了。」

不用說，她這番話我完全聽進去了。她只說了一句話，就使我氣勢全消，並且清楚威嚇這套在她身上不管用。我只得立刻放棄這個戰術，改將她視為平起平坐的對手。她非常聰明，甚至不直接在我的客戶面前跟我對質，不讓我覺得被羞辱或冒犯——這麼一來，就不會迫使我在其他人面前跟她爭吵。她的策略發生了效果。我們回到房間，在充滿相互尊重的友善氣氛下成功談判，並且得到雙方都能接受的交易結果。

第一個經驗讓我以為威嚇對女律師都很有效。這是個不成熟的想法，但我確實得到這樣的結論。真正教育我的是第二次經驗，它讓我理解了談判的某些特質，特別是運用強效談判戰略的方式和時間。威嚇和欺負的做法有時會引發負面反應，造成後續談判難以為繼。這樣的教訓我一輩子都不會忘記。第一，單一戰略無法適用於每一種情境，無論情境有何相似之處。第二，人就和情境一樣，個個不同，所以，在貿然跳下泳池之前，應該先謹慎了解水況。第三，部分強效戰術雖有效果，卻屬於道德的灰色地帶，如果頻繁使用，可能會嚴重傷害聲譽。第四，每一項強效戰術都有很大的反作用力，就算是那些我認為效果很好的。

這不表示你總是能不用強效戰術而有成功的談判結果。就像我剛提的，調整音量在某些情況下有效，但未必適用於所有情況。以下我將再介紹幾種強效談判戰術，以及我這些年學到的反制對策。

最後施壓：「你得拿出更大的誠意才行」

談判時，你很可能會遇到雙方意見有分歧，但你不確定要怎麼做才能消弭。一種很好的解決技術叫做「最後施壓」。它令人欣賞之處在於可以適用於這樣的情況：對方似乎已經為你做出最大讓步了，但你想在不破壞談判的前提下試探，看看能否得到更多。此時，最後施壓通常很有效，只要簡單說一句：「你得拿出更大的誠意才行。」

舉個例子，假設你和汽車銷售員在講價，你可以說：「那輛車我願意出六十萬元。」而銷售員說：「我們的價格是八十萬。我幫你去找經理，看他怎麼說。」你可以運用各種戰術，看看能不能把價格往下拉，不過，二十萬元的差距確實頗大。或許銷售員會這麼向你回報：「我跟經理提過了，他說我可以用七十二萬賣車。你覺得可以嗎？」

你可以用最後施壓戰術這麼回答：「你得拿出更大的誠意才行。」

這麼說不花你半毛錢，而且，假設對方有進一步的讓步空間，那麼他會回過頭來開給你更好的條件。說不定上面的人會讓銷售員用七十萬的價格賣車。如果他願意賣七十萬，你就可以再來一次，說：「還不錯，不過你得拿出更大的誠意才行。」

你在做的事情，就是在對方身上施壓，直到對方終於說出：「我已經盡力拿出最大的誠意了。」

此話一出，就算你再說一遍「你得拿出更大的誠意才行」也沒用，因為這個戰術的效果已經被你用完了。當對方畫出底線，你就必須明白他們表示最多只能這麼做。這便是關鍵。最後施壓可以達成兩個明確目標：第一，讓你拿到更好的交易；第二，你已經發現了對方聲稱的無路可退的底線。現在，你必須決定接受交易或改採另一個戰術，例如製造僵局。

這不表示你稍後不能在同一樁交易裡再次施壓，而只表示在這次談判中，此戰術已經發揮殆盡了。大多數談判就如我之前所述，有很多討論的關鍵點，例如價格、貸款條件、交貨日期、可能含括的額外項目、保固、由誰支付額外費用等等，而你都可以利用最後施壓來改變它們。假設車商同意給你一萬公里的免費維修服務，此時你不妨再說一次：「你得拿出更大的誠意才行。」最後施壓可以刺激一下對方，讓他們更認真尋找令你滿意的交易結果。

現在，你知道怎麼有效地施壓了。不過，如果對方把這招用在你身上的話，該怎麼辦？這時候，你應該採取反制戰術。

如果你是交易中賣東西的一方，而對方想對你施出最後施壓這一招，為了反制，你可以說：「我已經開給你非常好的價錢了，我為什麼還要拿出更大的誠意？我給你的價格已經比我給別人的價格低很多了。我不能降價，你反而應該加價才對。」

這樣可以讓彼此繼續對話，同時也在對方身上施壓，要求他回應你的立場，而非一味要你改變立場。

最後施壓就和所有的戰術一樣，雙方都可利用。你的優勢在於你很清楚整個狀況，而大多數人卻在狀況外。你可以用最後施壓來推動對方變動立場。如果有人想對你施這一招，請提出質疑。

「我能做的就這麼多了」

下一個戰術能讓你中斷談判或對話而不引發敵意。當你想表示自己已經盡力談判，你願意給的條件到頂點了，請你說：「我能做的就這麼多了。你看看要不要接受吧，我已經盡力囉。」

這項戰術畫定了立場，但做法很友善。相對於充滿敵意、口氣囂張的「要不要隨便你」，你是用好好先生的態度在畫下讓步的底線。你不見得會因此終結談判。這個戰術是讓對方覺得除非他願意讓步，否則生意就談不成。但如果你願意多說一些話，那麼對方就會重新燃起成交的希望。

你想要達到的效果是讓對方產生同理心，理解你為談判付出多少努力。你可以解釋為：「我已經盡力做、盡力給了，但也到此為止了。」如果說得得體，你的話會聽起來帶有歉意，而這往往會讓對方產生若不成交、罪在自己的內疚。

如果有人想在你身上施用「我能做的就這麼多了」的戰術，建議你採用一個有效的反制戰略：探查對方所謂的限制。例如，你可以問：「這是否表示你完全不願意和我針對開放議題達成共識？你是說你沒有權力，還是說你已經鐵了心不肯讓步？」

只要你去探查，對方所謂的限制往往會瓦解。所以，如果有人告訴你他不能再多做些什麼、無法再讓步了，請你提出一針見血的問題，質疑他的結論。

既然對方打算站定立場，你也可以表現出你的憤慨，抱怨至今花的所有時間全都白費了，對方至少應該好好解釋他能做的為什麼只有這麼多。在進一步了解的過程中，你可能會意外找到做最終決定的人，並將他帶入談判。

回到汽車銷售員的例子。要是他告訴你，他的老闆（銷售經理）說八十萬不二價，他就只能賣你八十萬，該怎麼辦？現在你得深入了解，確認銷售經理是否真的說過「我能做的就這麼多了」，或是還有談判的空間。在這種情況下，你往往會發現銷售員跟你玩一種遊戲：他去找經理談、把你留在辦公室等；他來回穿梭，而你根本不清楚他們之間到底討論了沒有。你等於居於劣勢。當銷售員說「請在這兒等，我去問我們經理」的時候，請你說：「我想跟銷售經理當面談。何必讓你當傳聲筒？」你可以堅持請銷售員和經理一起跟你談，並製造兩人之間的矛盾。或者，在你這麼做之前，可以先向銷售員提出另一個問題：「如果我確定開七十五萬的價格給你，你會去請你的老闆批准嗎？」如果他說不，請你堅持：「那我要自己跟銷售經理談。」

但是，如果銷售員說：「是的，我會跟我的老闆報告，看他怎麼說。」那麼，這就表示他之前說的八十萬已經不復存在了。要是他明知八十萬是最底線，為什麼還要跟老闆提你開的價格？他的反應已經把你需要知道的告訴你了。這場談判還沒結束，它才要開始呢。不過，如果你想完成對自己最有利的交易，還是得想辦法跟經理一對一談談。

A好康

好康如果A得夠多，就算是小花生米也夠飽餐一頓。A好康指的是拿到額外的東西，那是不在合約書上的。簽訂合約書之後通常是A好康的好時機。例如，在你買車成交之後，你可以對銷售員說：「對了，貴公司的標準交車流程一定包括洗好車、加滿油之後再交給客戶吧。」

如果你買的是二手車，或許你會要求賣方的汽車技師開一張車況良好的證明給你，或是要求讓你認識的汽車技師先檢查再決定是否買車。此時你也可以A好康，要賣方支付這個費用。A好康的時候，請以不需言明但雙方都能理解的態度提出要求——你現在做的，不過是證實事情本來就如此。

另一個A好康的例子，是當購屋者說：「我知道你會把院子裡的家具留給我，不過我也想要車庫裡的工具，它們原本就是房子的一部分嘛。」A好康在談判中的可能性是無限大的。

要求額外的東西並不違反道德。你不是堅持要對方做出額外讓步，只是問問而已。只要詢問的態度很和善，就不會造成傷害。簽約後，我們絕對不能說：「如果你不把我要的這些小東西給我，我就不履約。」

一旦簽定合約，確定了每件事情，還回頭說出「我要更多錢」的賣方或「我想少付一點錢」的買方就是不道德的。這可不算A好康。既然簽了合約，就無法以合乎道德的方式單方面改變內容條款。有個辦法可以對付愛A好康的人，那就是替對方想要的額外東西定個價格。如果你跟我買車，要求我洗過車、加滿油之後再交車，那麼我會這麼回你：「沒問題啊，但是你要加付洗車的一百五十元和汽油的五百元，總共是六百五十元。」若是院子裡的家具，我對A好康的回應是：「我自己的新家也需要這些東西。不過如果你要的話，我可以用合理的價格賣給你。」

A好康在很多文化裡都是可接受的做法。根據我的經驗，我知道有些人非常擅長在談判時利用這項戰術。

改變節奏

遇到討論進展太快速和雙方來回讓步時，改變節奏會是個好戰略。你不妨先堅持某件你其實很願意放棄的事，再於日後做出讓步，使整個過程慢下來，同時增加自己控制談判進展的力量。於是當你改變戰術，對方會看不出你是完全贊成或反對，想放慢速度或加快速度。如果你經常在議題上讓步，當你想堅持立場時，對方便不會相信你。改變節奏會讓對方頓失平衡，我們一旦清楚這件事，就有了明顯優勢，可以利用這項強效戰術。如果對方無法從你的行事風格找出一定的模式，他們就不知道怎麼擬定策略以贏得勝利。

另一個改變節奏的方法，是把原本不屬於交易內容的事項丟進檯面上。你可以經由辯護這樣的舉動來延緩談判步調，接著，就算你必須不甘願地放棄，也無所謂。你的用意並不是要贏得這件多出來的事，而是改變談判節奏和增加討論主題。這才是你的真實目的。

假設我正在討論買車的事，眼見即將接近尾聲，而我想放慢節奏，於是我對銷售員說：「所有的零件和服務你都應該給我十年保固。」銷售員說他做不到，而且車商也沒有授權讓他給客戶這樣的保固。其實我不期待車商會給那麼長的保固期間，因此，我可能會修改說法，轉而要求製造商提供比原來更好的有限保固期。我剔除了一個不可能贏的想法，它原本便不屬於價格討論的一部分，然後又提出一項讓車商考慮的建議。如果車商仍然不願意接受，那麼我可以說：「好吧，如果你們不給我保固，那就應該降價一千美金來彌補我的風險。」

我最後可能會拿到額外的東西，也可能什麼都拿不到。但我確實改變了節奏，放慢了討論的速度，也給自己徹底思考交易和確認簽約意願的時間。無論如何，談判節奏現在是由我控制。

要是有人想改變你的節奏，你該怎麼辦呢？此時適用的反制戰術，是問對方在做什麼。我會說：「你為什麼改變態度？我們本來談得好好的，現在你卻刻意阻撓。這是怎麼回事？討論原本很順利啊，都快敲定了。現在你卻想延後一個禮拜，為什麼？」

對方也許能給你很好的解釋，例如家中有人去世、健康問題等等，遇到這種情況，談判當然會中斷。請務必了解造成改變的原因。有可能是因為對方臨時退縮，或是有別的買家、有更好的交易等等。若對方使用改變節奏的戰術，你一定要去質問。別讓他們未經你的認可就帶走節奏。

「要不要隨便你」

「要不要隨便你」這句話一旦出口，就等於下了真正的最後通牒。這句話具有挑釁意味，因此，傳入對方耳中時，他的第一個反應會是不要，因為沒有人喜歡被迫做違反意願的決定。除非你願意冒著談判馬上終止的危險，那麼，就該找出能傳達相同訊息、但較無火藥味的溝通方法。

如果你想消除對方的敵意，建議你採用「合理化煙幕」，或說「有別人找我談」，用婉轉的方式來表達。我可能會對買家說：「跟你老實說吧，有另外兩個人也開了我要的價格給我。如果你願意的話，我可以給你跟他們比價的機會。」這樣的說法是很合理的。

你也可以再加上合理化煙幕，說：「其他人的開價就在我辦公室裡，你想看的話我可以去拿。」如果他們拆穿了你的謊，你大可說東西放錯地方了，等找到再拿給他們看。於此同時，你要求他們必須立刻做決定，形成「要不要隨便你」的局面。

留後路，保面子

談判時最好不要把對方逼入牆角，除非他說謊或刻意做不實陳述。你必須考慮到日後重啟討論的可能性。如果你有意買我的房子，說：「不論怎樣，這棟房子我最多只會出三十萬，一毛也不會多。這是我最後的出價。要不要隨便你。」話一出口，你就沒辦法回來找我而不自傷顏面。然而，如果你說：「價格比我想付的高。如果你不降的話，就再考慮考慮好了，說不定我們之中有人會改變心意。」這麼一來，無論誰主動回來找對方重啟談判，就必須做出讓步以供對方考慮。

如何反制「要不要隨便你」聲明

如果有人在談判時對你說「要不要隨便你」，請你設法改變討論的界限。若我說：

「我這房子要價七百萬元，要不要隨便你。」但你只想付六百五十萬，可以改變界限來繼續談判，說：「你要的金額我願意付，但你得給我價值五十萬的額外好處。這樣吧，這五十萬就當作我跟你用合理的條件借來買房子的，怎麼樣？」

現在，你改變了討論的界限，也保持了購物的可能性，如果價格以外的部分可以調整的話。這樣的做法能將談判帶離「要不要隨便你」，而朝向「我們來談談可以怎麼成交」。

當談判因為你提出「要不要隨便你」而中止後，也可以利用這種替代方案來重啟談判。你可以回來對我說：「我想我願意付你要的七百萬，不過我需要你借一些資金。如果你願意簽一些文件，我們便可以成交。」

強迫修正

請避免使用強迫修正戰術。所謂的強迫修正，就是改變已經同意的事情。它會破壞談判過程中建立的一切信任和友誼，把談判變成單方面的要求。強迫修正能否成功和幾個問題有關。

在成交前反悔先前同意的事情，是否合乎道德？

只要雙方都達成協議，事後反悔就可能引發惡意；然而在簽約之前，每件事情都可以攤在談判桌上。在簽約之前翻出任何事項繼續談判並非不道德的行為。簽約前變更交易與強迫修正這兩者之間是有明顯差別的。

也請你一定要區分行事正派和不正派的差別。

以下是一個強迫修正的例子：

假設我因為車子的傳動出問題而去找技師。他估給我的價格是五萬元，我表示可以接受，要他開始修理。隔天技師打電話給我說：「我仔細檢查過傳動系統，發現沒辦法用五萬元修理。如果你要我修的話，我要收十萬元。」

我回說：「等等。你報五萬元給我，現在又改成十萬，那還有什麼好談的。」

於是技師說：「好，你來拿車吧，可是傳動系統的零件已經都拆散了。」

我無法開這輛車了，也不想叫人把車拖到另一個修理廠任人宰割。我能怎麼辦？我沒有選擇。如果我要車，就必須付這十萬元。我有充分的理由發飆，但我面對的是強迫修正，走投無路。對方漲價，但我別無他法。

在這個例子裡，技師的所作所為完全是不道德的。如果事情發生在政府要求技師必須依照書面估價收費的地方，這很可能導致訴訟：事後我們可以依法控告技師收費過高。當然，以後我絕對不會再找他修車，還會跟朋友抱怨此人的行徑如何惡劣。但是，這額外的五萬元我現在非付不可。

強迫修正可用於許多情況。如果有一方知道另一方沒有其他可行的替代方案，非交易不可，那麼，強迫修正就會發揮效用。

我曾在一樁房地產交易中被客戶要求使用強迫修正戰術。我的客戶是建商，他之前的律師沒把租約寫好，讓他在合約中處於劣勢。承租人是一家大型零售商，而合約載明建商必須於某個日期之前在某個購物中心建造一家商店。然而，在整地完畢、開始打地基的時候，申請的抵押貸款金額卻被貸方打了回票，原因是零售商的應付租金過低，而租約上的某些條款也無法被貸方接受。雖然租約是我客戶公司的內部法律顧問擬的，但是解決問題的擔子卻落在我的肩上。我和零售商的律師聯絡，告訴他除非提高租金並改寫合約讓貸方滿意，否則我的客戶將不建造商店。這對於已經放棄另一地點的談判、也備齊店內商品的零售商而言，真是個大麻煩。我跟對方律師說：「你的客戶可以告我的客戶毀約，或者，如果你的客戶想要商店如期完工，就必須放棄提告的權利並且修改合約讓貸方滿意。」零售商氣得火冒三丈，這是當然的，不過還是決定繼續和我們談下去，讓店面如期完工。

因為時間緊迫，我打電話給貸方的律師克特．羅爾——此人知識淵博、廣受業界敬重——問他哪些合約條款需要修改。克特和我曾在許多交易案中碰頭，彼此仰慕、相互敬重。他說：「喬治，我沒有時間或意願告訴你我需要什麼。別說合約是你準備的，它根本是垃圾。我可是看得出你寫的東西。你知道我需要什麼，如果你弄好給我，我很快就能讓貸方點頭。」

當我向零售商的顧問表示我要重寫租約，好讓地主和承租人更滿意的時候，他暴跳如雷地說：「我跟你客戶的律師奮戰了三個月才修好租約，現在你說要把整份丟掉？我不會同意的！」我說：「請你去問你的客戶，如果他要店面，不這麼做別無他法。」零售商否決了他律師的意見。我用克特．羅爾以前認可過的格式重新擬了一份租約，沒有更動零售商原本能從我客戶這邊得到的各項利益。這件事沒有談判空間了，所以我對承租人的律師說：「要不要隨便你。」他的客戶回答「我要」隨即簽了新租約，而貸方也答應了房屋借款。不用說，我的客戶因為這筆交易而樹敵不少。直到這次傷痛完全消失，他和零售商好幾年不相往來。

如果有人在簽約後對你施用強迫修正，便觸犯了道德和法律的雙重問題。你必須做出殘酷的抉擇：要訴訟？還是接受搶劫？其實還真沒有其他的路可走。你可以試著威脅對方，說將來會對他採取法律行動，或向商業司或政府單位申訴，但是，既然跟你打交道的是如此肆無忌憚的傢伙，就算你威脅他也大概沒什麼效果。

強迫修正對另一方有何影響？

談判進行得愈久，強迫修正所帶來的影響和敵意就愈大。從修正的那一刻起，你必須密切注意任何對自己不利的行為，將損失降到最低，因為你知道再也不能信任他了。

請注意，有些文化將簽訂合約之後再用強迫手段拿到更好的交易視為慣例。如果你知道跟你打交道的對象慣用這些戰術，那麼你們之間就沒有信任、友誼或皆大歡喜的基礎可言。對方一定會在最後一刻要詐，你只是還不知道麻煩有多大和你想怎麼處理而已。欠缺道德而不尊重協約的人到頭來一定不會有好名聲，但這樣的人也只在乎眼前的現金，不在乎名聲好壞。事實上，他還把在談判結束前要詐的能力當作一枚榮譽勛章哩。所以如果你決定和惡名昭彰的詐包做生意，請務必預留付出代價的空間。

喬治・羅斯說：強效談判術可以控制談判的調性和節奏。

1. 單一戰略無法適用於每一種情境，強效談判術也一樣，必須隨時調整。
2. 如果你想在不破壞談判前提下試探對方底線，試試看向對方說：「你得拿出更大誠意」。
3. 若要中斷談判而不引發敵意，試著用帶有歉意的方式說：「我已經盡力了。」迫使對方內疚並善意回應。
4. 「要不要隨便你」就是下了最後通牒，若有心談判，就不應隨意說出口。
5. 「強迫修正」戰術是改變雙方已經同意的事，為了避免留下壞名聲，最好不要用。

11 輕鬆與三大難搞人談判

如果我們只需要跟友善、誠實、不玩把戲的人談判，這個世界就太美好了。不幸的是，真實世界並非如此。我就常常得跟把事情搞得不愉快或很難進行的人打交道，不過，經過了這麼多年，我也已經找到對付這種人的好辦法。每個難搞的人都有他脆弱的一環。只要找到利用對方弱點、加強己方立場的策略，就能在談判中占上風，就連最難搞的人也應付得來。我將在本章把難搞人格分成三大類並加以討論。

「威嚇者」伊旺

你可能會遇到的第一種難搞對象，是恃強凌弱的惡霸。惡霸通常是男性；這或許跟男子氣概有關係。如果他可以用威脅恐嚇的手段讓你屈從、讓步，而不會受到任何制裁，那麼他就會這麼做。但是，就如同所有的惡霸一樣，你一定找得到處理的方法。

威嚇者伊旺是指在談判中有一定地位或立場而權力很大的人。校園中的惡霸仗著自己身材高大而欺負其他孩子；談判中的惡霸則併用身體外觀、聲音、名聲或立場來控制你對他的反應。他從優越的制高點往下看著你，威嚇你、控制你，為的就是主導整個談判的進展。

惡霸的力量也許只來自身體；高大的人可能知道單單身材就足以讓其他人備感威脅。身高過人、聲如洪鐘的人很容易主控情勢，因為他比其他人更高也更大聲。這樣的人很早就明白他可以利用身材優勢來控制別人。高大、滿是肌肉、大嗓門的人很少是柔順的。這不表示他們一定是惡霸，但就算最和善的高個兒都比一般人外向。

我在事業剛起步時就遭遇過威嚇者伊旺。那是我第一次與比爾．奇肯多夫碰面，商討葛雷巴大樓的租賃權。當時，他是大家公認全紐約最有房地產腦袋的人。大家都知道這號人物，也知道跟他交手的壓力有多大。他有談判大師之稱，能讓對手感到前所未有的壓迫感。

在那之前，我從未見過這個人。當時我們談的是葛雷巴大樓的案子，我的客戶索爾．葛德曼已經付了四十萬保證金要買大樓的租賃權。我在奇肯多夫的辦公室等待對方開給我詳細的租冊。通常這是小事一樁，不過是一份由辦公大樓的賣方提供給買方的標準文件而已。租冊上通常會列出所有的承租人、承租截止日、月租金額，以及其他重要資訊。奇肯多夫的三名律師已經答應給我租冊了。

突然間，辦公室的門開了，奇肯多夫走了進來。我們沒見過面，但是他卻直視我的雙眼對我說：「年輕人，我知道你的客戶大概會損失四十萬美金，因為你堅持要租冊。」這是他的開場白。靜靜站在他身後的，是他的三名律師。

他太不智了，竟然叫我年輕人。我非常在意別人有時只因為我外表年輕，就把我跟沒經驗畫上等號。我看起來確實很年輕，但我當律師已經好幾年了，在房地產這塊領域也累積了相當多經驗。對我而言，他那番話等於是在叫我「軟腳蝦」。就像反射動作一樣，我想都沒想就回他：「根據那三位什麼話都沒說，活像『非禮勿視』、『非禮勿聽』、『非禮勿言』猴子一樣站在你身後的隨從來判斷，你一定就是比爾．奇肯多夫了。」

他只是點了點頭。最後，他說：「如果你堅持非拿到租冊不可，這場交易就破局，四十萬保證金也不會還給你。你現在可以走了。」

他的傲慢讓我怒不可遏，我回答：「你的律師說他們今天會給我租冊。」此時，那三位律師很有默契地全都變成了「非禮勿視」、「非禮勿聽」、「非禮勿言」的猴子。

「我可沒這麼告訴過他們！」奇肯多夫繼續威嚇我，「如果你堅持非拿到租冊不可，你現在就可以走了。」

我胸中的怒火已經到達了爆發的臨界點，我生氣地說：「我不代表你，奇肯多夫先生。我代表的人是索爾．葛德曼，是他決定我要走要留、什麼時候走什麼時候留。我會打電話問索爾要我怎麼做。從我的角度看，如果你真的認為你可以不還四十萬美金的話，就請便吧。根本不用跟我說。」

他的反應是怒氣沖沖地轉身走出房間，律師們也跟著走了。我打了通電話給葛德曼，而他決定不要求租冊。

奇肯多夫想嚇唬我，但這招對我沒用。我知道我們不用拿到租冊也能談成交易，但是我不告訴他。他拒絕把租冊交給我的行為讓我感到困惑，因為租冊並不是什麼重要文件。等到我累積更多談判經驗之後才恍然大悟，他原來只是想測試我，看我對他施加的重大壓力有何反應。不久我就得知他對我的表現有何想法。

隔天，奇肯多夫打電話給我。他用極為友善的態度開始說：「喬治，你好嗎？」

我停頓了一下，回答他：「比爾，我很好。你好嗎？」才過了一天，最初的敵對狀態就轉變成以名互稱的交情了！

奇肯多夫說：「索爾他人現在就在我的辦公室裡，我準備好了一份文件等他簽名。索爾說，他一定要等你確認沒問題才會簽。我現在請人唸給你聽，好讓你建議簽還是不簽，這樣可以嗎？」現在他有求於我了，嘴巴就甜得跟蜜一樣。我聽過文件內容後，知道它對我方無害，所以就告訴索爾可以簽字。

這裡的重點是，若你仔細觀察仗勢欺人者的人格，會發現他們一會兒高壓過後，往往是恰恰相反的懷柔。這就是典型的威嚇者。他們的態度可以有一百八十度的大轉變，端視他們的需求或希望創造的氣氛而定。在上例中，奇肯多夫發現壓力戰術對我無效，於是馬上改用B計畫，也就是對我友善。

你只要看穿威嚇者伊旺的詭計，就能占得上風。他們就是想嚇唬你而已，所以如果你讓此舉無效，他們就必須改採B計畫，而B計畫旨在博得你的好感，這就讓你占得上風。他們取悅你，是想證明一切仍在他們的掌控之中。他們對自己說，對你友善（至少做做樣子）就能讓你低頭吃他們的嗟來食。威嚇者伊旺的主要問題在於他們的作為絕少是發自真心的。他們在不同的時刻扮演不同的角色，卻不知道怎麼用正常的方法讓他人採取有利於談判的行動。

如何和威嚇者伊旺共事呢？以下是我的建議。

態度低調但立場堅定

我沒有讓奇肯多夫跟我之間的最初衝突愈演愈烈，但我的確提醒他：「我不替你工作。」一我讓他知道威嚇我沒有用。我選擇堅定立場，讓他看到我一點都沒有因為他裝腔作勢而感到害怕。

要做到這一點很難；當擁有權力和威望的人跟你起衝突時，你很容易會慌亂不安。沒有人比威嚇者伊旺更愛跟別人起衝突了。他總是一開始便用壓力戰術測試你，看看你會不會安靜躺下、讓他輾過。如果你屈服了，就等於告訴他這個戰術有效，他以後可以常常用。如果你沒屈服，那麼就會立刻出現兩種轉變。首先，他會改採其他戰術來得到他要的結果。其次，控制情勢的權力已經從他那邊移轉到你手裡。

建立和諧關係，但不在戰場上和諧

在上例中，奇肯多夫用友善的態度跟我講電話，從而和我建立了和諧關係。如果他沒這麼做，而我又必須繼續和他談生意，那麼我就得找個方法緩和彼此的關係。但他先採取行動，撫平了談判的場子。請你記得，和威嚇者打交道時，絕對不要做出任何舉動破壞他在屬下眼中的地位。私下聊聊、喝杯雞尾酒或一對一情境才是促成合作和交易的正確方式。

像伊旺這樣的人一旦明白壓力戰術無效，往往會開始和你建立和諧關係。**他可能會想成為你的朋友、奉承你，或是尋找其他方法「中立化」你在談判中的角色。**當伊旺從談判中消失而阻礙談判進展時，你就必須採取行動、建立和諧關係，因為優勢已經移轉到你手上了，必須牢牢把握才行。你可以打個電話說：「我知道我們一開始有點誤會，不過，既然雙方都想談成這筆生意，就一起來解決問題吧。」

我確實在同一通電話中跨出了創造和諧關係的另一步。我對奇肯多夫說：「比爾啊，我這個人很懂得將心比心的，我自己不願意做的事，絕對不會要求別人去做。如果你請你們家的律師拿出合作的誠意，他們一定會發現我這個人是很容易共事的。這樣，我們雙方就可以在盡速完成交易的共識上談判了。」

用這種講理的方式很容易說服伊旺，因為你是在請將軍好好管他的軍隊。伊旺可能會把你伸出的友誼之手解讀成他的勝利，沒關係，就讓他沾沾自喜吧。只要對方能如你所願和你合作、完成交易就好了，這個結果才重要。

經常監控、避免突襲

建立和諧關係後，我和奇肯多夫之間就有了直通的管道。因為他認定我們是朋友，所以只要我需要協助，隨時可以打電話給他。這讓我跟他的律師交涉時居於上風：如果他們做了我不喜歡的事，我會威脅說要打電話給比爾，請他擺平。通常這麼說就足以讓律師改變想法。我從經驗中得到的結論是：喜歡威嚇的人通常很討厭閱讀文件。他們不喜歡細節，認為員工應該幫忙處理。他們比較喜歡大搖大擺走進會議室，向與會的眾人誇耀一番，其他都交給隨行人員。除非發生危機，否則你根本看不到他們的人影。因此，有效應付這種人的方法，是用他永遠不會仔細閱讀的細節去淹沒他，而藉口則是這可以讓他時時掌握最新發展。

例如，我每次寄文件給奇肯多夫的律師時，都會寄一份副本給他。大型的房地產交易免不了有數百份文件的往返，它之所以複雜，不為別的，就是因為紙上作業的關係。房地產交易必須以書面方式進行，因此文件便扮演著非常關鍵的角色。

我把每一份文件的副本寄給奇肯多夫，達成了什麼目的？首先，律師們都很害怕，因為他們知道老闆可以評估他們的行動。這表示，如果他們腳步踏錯的話，老闆可能會對他們大發雷霆。第二，一旦日後發生了某件事，律師來找我說：「我們從沒同意過。」我一定會這麼回答：「我三週前就跟你們建議過了，而奇肯多夫也從沒反對過。」

假如後來奇肯多夫說他從沒同意過某件事，我會告訴他：「比爾，我在好幾星期前就提出這個議題了，那時你和你的律師們一句話都沒說。現在都到最後一分鐘了，你才提？」我也許贏不了這次，但會讓對方處於防守答辯狀態。文書轟炸可以讓你拿到控制權，因為就連威嚇者伊旺本人，也會被複雜交易中的大量細節而嚇倒呢。

「萬事通」查理

你或許聽過這個說法：「萬事通沒人愛。」自以為什麼都懂的人確實不討人喜歡，在談判中如此，在其他領域也一樣。世上的萬事通還真不少，你當然也有可能遇到擁有許多個人或專業經驗、或在業界鼎鼎有名、地位崇高的人物。跟這種人很難打交道，因為他深信自己對你正在盤算的這筆交易真的無所不知。他愈有名氣、完成過的交易愈成功，態度就愈傲慢；這是跟萬事通打交道以前必知的關鍵。

你一開口，他就會對你說：「這種事我處理過幾百次了。你還沒出生我就幹這行了，不管你要說什麼我都知道。所以，別想告訴我什麼該做、什麼不該做。需要做些什麼我再清楚不過了。」一旦他展現這種態度，就等於給了你一項優勢。別聽信他的話，否則對你的談判處境有害。事實上，每一位說話對象和每一樁經手的交易都可以讓我們學到東西，絕對不要停止學習或吸收任何資訊，它們往往很有用。我在紐約大學教授談判課的時候，會把我的地址、電話和傳真號碼給學生，並且鼓勵他們在遇到棘手的談判問題時打電話給我。多年來有很多學生來電給我動動腦的機會；我也會幫助他們動腦，看看我能否從對話中蒐集到一點資訊。我要他們讓我知道我的建議有沒有效，並且將他們的回覆儲存在我的資料庫裡面，以方便未來回想。萬事通的缺點就是他們自我設限，不相信世界上還有需要學的東西。他自以為對談判中的議題無所不知；而你可以利用他的自負來增加自己的優勢。

展現極度謙遜

對付萬事通的第一個戰術是展現極度謙遜。當某人告訴你「我是專家」，正確的回答是：「是的，我知道。我讀過您的大作，也和跟您交往過的人們聊過您，他們都對您推崇有加呢。」**只要奉承萬事通，就能無入而不自得。**你肯定他有博大精深的專門知識，餵養他的自尊，讓他相信你視他為權威，他將在這場談判中灌籃得分。

一旦萬事通認為你拜倒在他的優越之下，他的防衛就會鬆懈下來。我們都可以從「龜兔賽跑」的故事中得到教訓。兔子因為跑得快、認為自己贏定了而睡著，在比賽中最後輸給了一步一步慢慢爬的烏龜。一旦萬事通認定你已經知道並接受他在知識上的優越，他也就等於是睡著的兔子。萬事通有理由自豪於他的經驗，然而，只要你謙遜承認他的地位，他就會失去警戒，你該趁著此時把握機會、得到好處。

給他最少的資訊和很多「我想你很清楚」的陳述

萬事通查理可能是你在談判中遇到的最傲慢的人格類型。不過，如果你能專注於你想達成的目標，就可以利用他的自尊、自大，輕而易舉超越他。

最忌諱的做法是直接跟他爭辯。因為萬事通知道的遠多於你，他絕對不會讓你辯贏的。實際上，直接質疑的方式只會激怒他，這麼一來，你就無法跟他達成協議。正確的做法是安撫他的自尊，讓他願意讓步。

當你很想贏得談判中的某一件事，請別說太多細節，也不要推銷你的想法。與其針對合約中的某項條款說出你的主張，不如輕描淡寫地說：「我想你很清楚這類事的進行模式，畢竟你已經做過幾千次了嘛。這樣吧，我會用你熟悉的寫法完成文件然後交給你，我們就這麼用。」

當萬事通拿到你寫的文件，可能會發現它和「固定的模式」不一樣，然而他絕對不會承認沒見過這種變體。他可不想破壞自己無所不知的完美形象，所以，很可能會贊同你的寫法。他很有可能會聽你說話，但是他不會細心傾聽其中的細微差別，並且認為同樣的話他已經聽過幾百遍了。他因為妄自尊大而不夠專心。

要是萬事通查理真的質問你呢？他可能會說：「你說的模式是什麼意思？這哪裡符合什麼模式？」現在該怎麼辦？

正確的回應是：「嗯，您的經驗和知識都比我豐富太多啦，可否告訴我您認為的模式是什麼呢？以您廣博的專業見解來看，應該怎麼寫這項條款呢？」如此一來，萬事通就可以炫耀他的知識。他最多只想跟你談談語義學的問題而已。萬事通的動機不會是細節，他只要眾人肯定他是專家。不妨靜靜聽他說，看事情如何發展。

就算你遭遇質疑，也可以用一個聰明辦法。請你說：「要是您遇到這種協議會怎麼寫呢？就請按照您的意思寫吧，我都接受。我需要什麼您最清楚了。」

這時候，我還沒讓他知道我究竟想要什麼。我想先聽聽他願意給我什麼。挑戰他的權威是最忌諱的，因為這是他名聲和自我認同之所繫。由於我採取了卑屈的立場，所以他不會將我視為難對付的談判者或威脅。我利用他的權力和知識幌子對付他，反而讓自己占得優勢。

和對方人馬交手時懇請協助

當你想要使某個論點成立時，請找對方陣營的某個人協助你。通常，萬事通不想涉入談判的所有細節，因此他得靠別人幫忙。如果你能說服他的親信聽你發表看法並記錄下來，那麼，你就可以利用他們去說服萬事通。例如，你可以說：「你何不請你的手下跟你的老闆提這件事？他一定知道怎麼處理的。他會告訴你，我的要求只是慣例，因為他在這方面的經驗差不多跟你一樣豐富，都是老手了。」

他會把你的訊息轉告老闆，並且回報老闆的反應給萬事通先生。然後你從這裡接手。如果還是需要跟老闆碰面，就安排一個會議，讓查理得以脫身。

「閒扯淡」威瑪

這種人很難做出決定，是最難打交道的對象，因為你永遠不知道你進展到哪兒了，就算你認為你知道，也可能只是想錯了。如果威瑪說「好」，可能只是現在「好」，一個小時之後他可能會說出自相矛盾的話。

他喜歡說：「聽起來不錯，不過我得再考慮考慮。」他從來不想做最終決定，萬一被迫要做，他會想辦法讓自己擺脫最終決定的束縛。如果說「不」比說「好」更容易，那麼他就會說「不」。閒扯淡威瑪就是沒有足夠的信心做最終決定。

慢慢來、不要急

遇到閒扯淡威瑪的時候，你必須和他一起穩步前進，注意別讓他把你帶回昨天談過的議題。如果你們討論過某件事，也達成共識了，就立刻談下一件事吧。你也需要確認目前的進展。請你說：「我們從五個要點開始談，其中三個已有共識，現在還剩下兩個。」如果他不同意，你就要找出他不認同或猶豫的地方在哪，並且想辦法解決。然後再繼續。這樣的步調看來雖慢，但因為你已經確認了完成的事項，最終將能達到目標。

和閒扯淡威瑪打交道時，不妨偶爾寫信給他，總結目前的進展。請你在信中列出雙方討論過也達成協議的要點。這項戰術具有雙重效果。如果他質疑其中任何一點，那麼你的確需要回頭去解決問題。如果他毫無異議或反應，那麼你就可以繼續進行下一件事。其實多數人都懶得去回覆這種書面摘要；會重啟相同議題的，必然是閒扯淡威瑪。不過，只要有那封信幫你撐腰，你大可說：「等一等。我們已經就這一點達成共識了啊。我寄信給你以後，你什麼都沒說。為什麼到現在才提？」

有些文化傳統會導致閒扯淡威瑪的情況。若你的談判對手需要先向另一個人請示才能做最後決定，那麼你倆之間的共識就有出現逆轉或遭到反駁的可能。因此，無論是性格上的缺點或是文化的緣故，都請你以相同的方式——耐心——和這種人格類型打交道。

建立威瑪在他團隊中的地位

如果你和某人談判了一段時間，他卻突然退縮，那麼，你可以去跟他的主管——真正的決策者——說，他們的談判代表表現得很優異。

你是去幫助你的談判對手得到他老闆的肯定。這麼做對每個人都有好處，如果事情順利的話，老闆會相信他的代表全力保護他的利益，從而給予更大的決定權限。請記得，閒扯淡威瑪有自卑情結，所以這項戰術將有助於推動談判。只要增強他的自信，就能改善談判處境。你讓閒扯淡的老闆知道他表現優異的同時，也增進了你倆的同盟關係，把他從對手變成和你一樣充滿成交衝勁的夥伴。

小氣不讓步

向閒扯淡威瑪做任何讓步，只會更讓他猶豫不決。你愈讓步，他愈困惑。所以，不要提A、B、C或D等各種方案給他，否則你根本得不到回答。直接從你最喜歡的計畫開始。「我這兒有個計畫，我建議雙方照著做」的說法好過「這四個計畫，你喜歡哪一個？」你提出A計畫的時候請這麼說：「這個方案對我們雙方最有利。簡單明瞭，各取所需。」別講細節。如果他有問題，讓他自己提出來。請你催促他快點同意，看看反應如何。如果他完全否決，就提出B計畫，否則絕對不要提。請記得，你給閒扯淡威瑪的選擇愈多，得到肯定答案的可能性就愈小。

閒扯淡威瑪天生不是做決定的人。所以，你在提出解決方案、理由以及說服對方時，都比較占上風。

＊＊＊

前述三種人格類型沒有性別之分，男性、女性都有可能具有其中一種人格。有些人同時具有多種難搞的特質。例如，威嚇者伊旺可能也是萬事通查理，而萬事通查理從頭到尾的談判表現可能很優異，到了做決定時卻變成了閒扯淡威瑪。所以，為了因應你面對的對手特質，你必須隨時準備好從某一套戰術切換成另一套戰術。

和難搞的人交手就像要小朋友吃蔬菜一樣，你可能必須把豌豆藏在貝殼狀義大利麵條裡才能成功。跟一個只在乎自己表現、不在乎最終結果的對手打交道，也很氣人。有類似人格的人到處都是，只要你遇過一次，保證終身難忘。

反過來看，談判高手也可以適時利用上述的人格特質來增加自身優勢。這些特質固然常出現在難搞的人身上，然而，由於難搞的人通常可以藉此遂其所願，所以你不妨有時倒過來利用這些特質。我向來主張兩歲大的幼童是最優秀的談判高手。如果不按照他們的意思做，他們就會躺在地上不起來，亂踢尖叫，直到父母說：「好啦，別再哭了。你要的我會給你。」但是，如果父母決定放任孩子哭叫，讓他明白這招沒用呢？此時孩子會嘗試別的招數，最後找出有效的辦法。沒經驗的談判者和兩歲幼童恰恰相反，他們只有一種以前試過有效的談判風格，一旦碰上沒遇過的情境，立刻會不知所措。別讓這樣的事情發生在自己身上。

我認為刻意表現出上述特質的人不多。換句話說，難搞的人不認為自己很難搞。威嚇者伊旺會說自己決斷、有活力，萬事通查理認為自己成功又經驗豐富，而閒扯淡威瑪則自認周密仔細，不喜歡犯錯。一旦你了解這些特質都是經年累月形成的，你就知道怎麼對付比較好了。

請記得，上述特質在多數情況下是不易察覺的，而擁有這些特質的人總自以為它們是優點。如果你能把他們眼中的優點變成你改善談判立場的武器，就能掌控全局。你也許只想用一種單刀直入、舒服自在的談判風格，但是，如果你想成為技術優異的談判高手，就必須放棄這種不實際的想法。就像父母知道孩子們沒有一模一樣的反應模式，如果你需要控制對方的反應，就必須隨時調整自己的談判風格，才能成為最有效的談判者。

喬治・羅斯說：常常和難搞的人打交道，能提升談判功力。

1. 針對不同的人格特質有不同的應對方法，用對方法才能讓談判順利進行。
2. 有些談判者一開始採取高壓式技法，只是想嚇唬你，只要你不被唬住，接下來他們通常會改採討好的談判方式。
3. 有些談判者自大狂妄，反制的方法就是擺低姿態，盡量含糊自己的需求，反而能要的更多。
4. 有些人遇事不決，或者並非最後決定者，這時要展現堅定的態度和耐心。
5. 談判對象可能同時具有自大狂妄的性格並喜好用高壓式談判法，面對不同的談判者，要隨時切換戰術。

12 強硬策略是七傷拳，不可輕易出招

談判技巧練習得愈多，就愈可能遇到「強硬為上策」的情境。我並不鼓勵不管遇到什麼情境一概使用「強硬策略」，因為它不是萬靈丹。不過，它有時確實非常有效。

多年前，英國上院議員艾斯特（Lord Astor）擁有紐約某棟價值不菲的公寓建築。此人極為富有，也是社會名人，這樣的身分當然會讓很多人望而生畏。代表他的是紐約一家規模極大、名望很高的法律事務所。我的客戶索爾．葛德曼有意買下他那棟公寓。

當時我和艾斯特的律師正在逐條檢視合約書。我說：「租金精確度的表述不足。如果你們要我的客戶付高價買這筆房地產，就請給我標的物的租金收入證明。」

「不，我們不表述租金收益的精確性。」對方律師直接回我。

哪有這種事？這就好像在不知道車款年份和里程數的情況下買車一樣。於是，我想晚點再回頭討論這一點好了。我開始就合約內容提出其他討論事項，並指出我希望的修改方式。對方律師冷冰冰地叫停：「不，你完全不可以更動合約內容。你去告訴你的客

戶，合約怎麼寫他就怎麼簽。簽好約之後把頭款付給我，我會把合約寄給艾斯特議員，他目前正搭乘遊艇在地中海玩。等他上岸之後再由他決定是否簽約賣屋。這時候我們再告知你是否成交。你的客戶必須等候我們的通知。如果他不滿意這些條件，那也沒辦法。」

於是我打了個電話給葛德曼，轉述艾斯特議員的律師對我說的話和要他做的事。葛德曼以他無人能模仿的風格這麼說：「我要你回去找那個律師，告訴他你跟我談過了，我要你引用我的話說：『索爾．葛德曼說艾斯特上院議員可以把合約拿走，放在太陽照不到的地方。』」

我回去向艾斯特議員的律師一字不差地傳了葛德曼的話，對方的眼睛連眨都沒眨，不過，正如各位可以想見的，會議也到此為止。我以為這筆交易沒得談、結束了，然而經過了大約一個月，艾斯特的經紀人回來找我，重啟討論。最後的結果是，葛德曼用低於原價的金額買到公寓，而合約內容也全照我方的要求修改。

我們拒絕屈服或順應對方的高壓戰術，並獲得勝利。葛德曼的反應很適當，因為對方企圖主導站不住腳的合約條款。這個例子說明了施用強硬策略的正確時機和方式。一旦我方因為賣方強加的不合理條款而決定不做這筆交易，展現和對方一樣強硬的立場對我方毫無損失，反而有利。我們沒有屈服，所以後來拿到更有利於己的交易條件。

如何使用強硬策略

以下是我向各位推薦的十項策略與指導方針。當然，每個談判情境各有細微差異和變化程度，你必須自行判斷究竟想多強硬。

1. **定調。**
2. **不說話。**
3. **適度讓步。**
4. **目標設得高。**
5. **盡量預留空間。**
6. **不屈服於簡單解決方案的威力。**
7. **以小換大的討價還價。**
8. **用期限增加優勢。**

9. 耐心而小氣。

10. 謹慎地要求變更。

讓我逐一說明吧：

1. 定調。葛德曼回給艾斯特的律師的話很恰當。對方定了調——惡劣、高壓、一點也不「有捨有得」——我們就做出同樣調性的反應。我們採用了強硬策略，讓對方知道：我們不喜歡你們打算做這筆生意的手法。這不公平。不過，既然你已經定了調，我們就照你的規則來。如果你想要用強的，我們會讓你知道我們可以跟你們一樣強硬。

出於某些理由，對方可能不是太熱中和葛德曼交易，但我仍然專注在交易上，因為我明白不管他們喜不喜歡，只要葛德曼出的價是最高的，他們就會收下他的錢，把公寓賣給他。完成交易的方式不重要，只要成交就好。可用於完成交易的調性不一而足，能透過友善、真誠的討論完成是最好的。正如我先前指出，世界上的人有千百樣，你必須做好設定或採用某種談判調性的準備。在上例中，艾斯特的人後來可能已經了解自己要求得太多，而且也無法用同樣的價格找到另一個買家。也許他們感覺到市場正在疲軟。我永遠不會知道理由，但這不重要。我們在使用強硬策略之後，得到比扮演好好先生時更好的交易結果。

你必須盡可能隨時控制局面。如果能由你來定調是最好的。不過，如果你用好好先生的角色開始談判，對方卻擺出惡劣的態度，那麼，你這友善的調性將發生不了效果，你必須改變才行。如果另一方定下負面的調性，請別抗拒。照他們的規則玩，別讓他們嚇到你。

2. 不說話，不解釋。施用強硬策略時，你說的愈少，結果愈好。說話的一方處於談判劣勢，因為他們向對方透露了線索。

一旦你決定採取強硬立場，就必須拿出不贏寧輸的立場。不要解釋理由。

在一個特殊的情況下，葛德曼為我上了一堂永生難忘的強硬策略課。當時葛德曼已經簽了一紙購買某公寓的合約，支付了二十五萬的訂金給賣方。簽約後才三個星期，葛德曼就決定不拿回訂金也不談這筆交易了。他決定轉賣合約，而仲介也帶了一位願意付七十五萬美金接收合約的組合者（syndicator）。這一來一往，就讓葛德曼有了五十萬的淨收入。組合者到我辦公室簽約時，出現了意料之外的兩萬元費用，他表示願意和葛德曼各付一半，但葛德曼說：「喬治，你知道我可以在五分鐘內付一萬美金，眉頭皺都不會皺一下，可是一旦我示弱，組合者就會談判個沒完沒了。我可沒這麼多時間。我要你回去告訴他說，我一毛都不會降。」你確定這是明智之舉？」他回答：「照我說的做就對了。你去告訴對方他只有五分鐘的時間決定，不然就請他離開你的辦公室。」我回到辦公室後將葛德曼告訴我的話一字不差地轉告。對方得知葛德曼的反應後頗為惱怒，說：「你是說你的客戶願意因為區區一萬元放棄五十萬的獲利？」我回答：「正是如此，你只有五分鐘的時間考慮，不然就請你離開我的辦公室。」我走出辦公室，在外面待了我這一生中最漫長的五分鐘。當我回去時，組合者說他願意成交，自行負擔兩萬元費用。在那之後，談判起來就很容易了，因為我既然知道組合者多麼想成交，他想要的我都可以一概以「不」來回答。

決定採用強硬策略之後，不要解釋你的理由而給對方挑剔的機會。請你堅定不移地站穩腳步，對方怎麼說都不為所動。強硬策略需要相當的勇氣才能落實，但這項談判技術很有效。

3. **適度讓步。**使用強硬策略時不可做出讓步，除非是不重要的讓步。若你就某個議題採取了強硬立場之後又退縮，一定會被解讀為示弱的表現。換句話說，你的強硬策略已經變成「要不要隨便你」。在採用這個立場之後接受對方的讓步要求，無異於自毀策略。如果對方要求的東西不重要，你不妨做出讓步，但即便如此，你也應該表現出心不甘情不願的樣子。假設你在討論中說，你必須在兩天內得到他們的答覆，對方回說：「可不可以給我們三天？」如果第三天不重要，那麼你可以在這一點上讓步，因為這麼做對整筆交易並無影響。不過，就算第三天根本不礙事，你也必須表現出勉為其難的樣子。你可以這麼回答：「好，就給你三天，不過只能這樣。如果你們延遲，這件事就當沒談過。」

請用遲疑的態度接受對方所做的讓步。一旦決定採取強硬策略並贏了一個重點，就應該緩步後退。例如，你可以這麼說來肯定某項讓步：「呃，這和我想要的還有相當的距離，即便我們有一點進展，往後要討論的還有很多。」

4. **目標設得高。**「高的目標是成功的一半」這句話是良好而基本的目標設定忠告。它適用於所有談判情境，包括使用強硬策略的談判在內。凡是你說出口的要求，都會烙印在對手的腦海裡，成為起點。如果對方讓你有求必應（這種情況很少見），就表示你的起點設得太低了。對方需要獲勝的滿足感，他們給你的通常會少於你要的。

請記得，你不會因為目標設得低且對方接受了提案而感到滿意。你會自問：「他們把我要的給了我，但如果當初我把目標設高一點，說不定能得到更多。」舉個例子，假設我願意用兩萬五賣車，我會開價三萬五，因為如果我告訴你兩萬五不二價，你不但不會相信我說的話，還只會出兩萬二、兩萬三的價格。開價三萬五的做法給了我自己一些談判空間，而我的降價也會令你覺得大有斬獲。

5. 盡量預留空間。成功的談判取決於雙方的彈性以及你讓對方改變立場的能力。如果你討論的議題範圍過於狹窄，會減少妥協的可能性。而當你維持開放的議題愈多，你就有愈大的談判空間，可以在對自己有利時放掉一些要求。談判次數愈多，你就愈靠近自己設下的目標。

上述賣車的例子正說明了這一點。如果你想付兩萬而我要求兩萬五，那麼我們之間只有五千的差距。如果我開價三萬五，就能創造較大的討論空間。無論談判方向為何，兩萬五和兩萬之間只有五千元的談判差距，因此我最多也只能以兩萬五成交，而且那是你必須做出完全讓步才行（但這麼做你是不會高興的）。然而，如果我開價三萬五，降個八千元到兩萬七就看起來像做了很大的讓步。現在我可以說：「我降到兩萬七，讓你不只一半，對這樣的車子來說，價格很優惠了。」假設你很技巧地只把開價增加到兩萬五。你猜怎麼著？現在我已經拿到我想要賣車的價格了，但我還是會抱怨應該收更多錢的。若我在開始時只開價兩萬五，你絕對不會照付，因為你認為還有殺價空間。賣方起初的售價不該過高，否則會把有誠意的買家嚇跑。同樣的，買家起初的開價也不該過低，否則賣家會認為買家購買的意願不強。

6. **不屈服於簡單解決方案的威力。**簡單的解決方案很教人著迷。假設你在談一個案子，雙方對價格的看法南轅北轍，賣方要兩百八十萬，你只想付兩百四十萬。於是賣方說：「這樣好了，我們各讓一步，以兩百六十萬成交如何？」

這是個簡單的解決方案，然而可能不是正確的解答。例如，如果你的調查發現房子最多值兩百五十萬，那麼你為什麼要付兩百六十萬？達成共識並非每一場談判的唯一目的，雙方都必須認為交易合理才行。雖然賣方提出的解決方案——對半負擔差價——看起來簡單，因而具有某種強制性的力量，但是根據你的資訊顯示，此方案並不合理。

你可以回去跟賣方說：「根據我的調查，房子的總值不超過兩百三十萬，但既然我已經花了很多時間談這樁交易，我願意付兩百四十萬成交。我們其實應該用介於兩百三十萬到兩百四十萬之間的價格談判才實際，不過我願意開兩百四十萬給你。」

現在你拒絕了賣方的表面妥協，不因為解決方案簡單而屈服，這也就等於施行了強硬策略。同時，你應該堅持「不說話」原則，不需要跟對方解釋自己調查的本質和範圍而牽扯不休。

另一種簡單的解決方案通常是如此提出的：「我們不如把問題交給這個領域的專家，由他們來決定公平的價格吧。」賣方打的如意算盤可能是想請由他控制的專家來參與談判。根據強硬策略，你應該拒絕這個管道。你不妨說：「我不需要專家告訴我應該用多少錢買這塊房地產。我會用自己的經驗來判斷。」藉此回絕對方提出的簡單解決方案。

7. 以小換大的討價還價。別一腳踩進「扯平」的陷阱。談判沒有所謂的以牙還牙、以眼還眼——當你採取強硬策略時尤其如此。沒錯，你可能願意和對方互相讓步，但唯有用小重點換大重點的讓步才符合強硬策略。當然了，強硬策略本身就不允許你有太多討價還價的空間。

8. 用期限增加優勢。曾有實驗研究談判的各個面向，它們一再指出，期限是談判的一項因素，且是很重要的因素。期限是促成人們下決定最有效的方法。成交筆數會隨著期限的靠近而增加。因此，當你使用強硬策略時，請設定對方不容易趕上的期限，並利用這個期限來讓自己從交易中得到更大的好處。既然人們天生有在期限將屆之前調解歧見的傾向，這表示施用強硬策略就能增加壓力。

9. 耐心而小氣。談判桌上的另一方總是需要滿足感。他們想要達成共識。因此，你帶上談判桌的耐心愈多，你的立場就愈堅定。有耐心的談判者占有各項優勢：時間、條件、細節。這和小氣一拍即合。做出讓步或要求的時候要吝嗇一點；你愈吝嗇，你最後做出的讓步（無論有多小）就愈甜美。

在談判期間，請配合強硬策略始終維持堅定的立場，等到你察覺成交在即，再把態度放軟。施行一點讓步也不肯做的強硬策略時，是需要很大的耐心才能堅持下去的，因此你必須耐住性子、小氣到家，才能落實你所選擇的成交策略。接著，當你的態度軟化、開始做出小讓步時，對方會發現你不是那麼難打交道。他們會有勝利感，會覺得這場交易終究還是會成功。此時，你已經用小讓步換取關鍵的勝利了。你在施用強硬策略時表現的耐心和吝嗇，終於開花結果了。

另一方需要、甚至渴望對自身的談判表現感到滿足。他們更需要的，是知道自己會完成某件事情。他們的成交意願將蒙蔽他們的判斷力。只要你的判斷力不會因此受到蒙蔽，你就可以利用成交意願作為有效的工具。

10. 謹慎地要求變更。如果你是買方，就必須設立「標準」作為重要的起點。如果你打算變更交易，至少必須先理解「標準」，否則，你如何測量變更的價值？

舉個例子，你需要請人印製小手冊，造訪了一家印刷店。老闆告訴你要三個星期才能印製完成。為了設定標準，你得了解在三週內把小手冊印好的價格，而你其實是想在十天內將成品拿到手。然而，在得到三週內取得這項服務的費用「標準」之前，要如何評估加快作業該付多少額外費用呢？

因此，首先你應該請對方報三週交貨的價格給你。假設對方報一萬元，那麼你可以問他：「你能在十天內完成嗎？」

對方當然會說：「可以，十天內能交貨，但是會比較貴。」

得知三週後和十天後交貨的價格各是多少，才能區分它們的差異。我可以評估是否值得為了提前取得成品而支付價差。如果我一開始就說「我十天內要」而未事先了解在一般價格和時間條件下的成本，就無法計算一般交貨時間和提前交貨之間的利弊得失。

這也可以是後續談判的一個起點。你在接下來的一年可能有很多東西要付印，所以，你可以建議把所有工作都包給對方做，看看他能否把交貨時間縮短成一半。如果對方答應在時間內交貨，還給你折扣，不妨把全部的文件都給他印。如果對方拒絕，根據強硬策略，你應該這麼說：「如果你不想在這樣的條件下做生意，我就去找願意的人來做。」不過，你一定得知道一般成本、印刷店時間限制的價值，以及答應把全部文件給對方印製一事在談判時具有何等威力，上述的談判才有可能。

即便你沒答應讓對方印製所有文件，還是能在對方可以從你這邊拿到很多工作的前提下，要求對方提前交貨。於是，你要求對方在第一次合作時給你優惠折扣。因為印刷店想要做成生意，所以就算只是小小的獎勵，也能讓你做成一筆好交易。有些人比其他人更需要催促。當你和這樣的人打交道時，強硬策略通常能產生令人驚艷的好效果。

喬治·羅斯說：視時機，巧妙運用強硬策略。

1. 一旦定調採用強硬策略，這時話愈少愈好，且不可再做任何讓步，以免自毀前程；若是小事，讓步時則應顯得心不甘情不願。
2. 把目標拉高，讓自己有更多空間討價還價；若對方說「我們各退一步吧」，此時要檢視方案是否合理，若不合理或不是自己想要的，就不該妥協。
3. 使用強硬策略時，要設定對方不容易達成的期限，才能從交易中獲得更大的好處。
4. 不要一開始就把自己的條件攤開來，應該先理解正常的情況下所能擁有的折扣或利益做為評估依據，之後再引導出自己真正想要的結果。

13 談判高手的四要、四不要

每位談判高手都有能力去分辨在某個情境下該做和不該做的事。川普就把這方面的技巧磨練得銳利無比。

一九七〇年代，佛羅里達州棕櫚灘有一座名為馬阿拉歌（Mar-a-Lago）的宅第要出售。這座宅第是由波斯特穀物商的財產繼承人瑪喬利．梅麗維瑟．波斯特（Marjorie Meriwether Post）於一九二〇年代興建，共有一百一十八個房間、六十七間浴室，樓面共計六萬七千平方英尺，土地有十九英畝大。

擁有馬阿拉歌的託管委員會在市場上開出高價。**川普知道他的出價不會是最高的，但他認為如果能給對方一個無法拒絕的理由，就一定能成交。**川普明白託管委員會曾將馬阿拉歌交給佛羅里達州作為博物館之用。由於某些不明因素，博物館未能吸引人潮，所以州政府將房產交還給託管委員會。委員會希望馬阿拉歌在出售後仍是國寶，而知悉這點的川普對他們說：「如果你們把馬阿拉歌賣給我，我發誓不但會讓房屋和土地保持完整，還會加以修繕，讓它恢復昔日的風采。」川普也在合約書中保證購買屋內所有的家具陳設。

託管委員們很欣賞川普的提案，覺得他提議維護波斯特家族遺產的想法相當有吸引力。雖然川普出的價格不是最高的，他們仍將房屋、土地連同所有家具一併售予川普。川普也說話算話，他確實重新修繕了宅第，讓它恢復了往日的風采。

然而，就一家私人宅第而言，馬阿拉歌的稅金和維修費用實在太高了。川普想：「何不讓其他人一起使用這棟集優雅與工藝極致於一身的建築傑作呢？」川普想到了把私人宅第變成豪華鄉村俱樂部的主意。因為宅第內的許多陳設都是具有博物館水準和價值的古董，他不能眼睜睜看著古董被俱樂部成員弄壞，於是川普決定拍賣家具，而最後的拍賣所得比他原本購入馬阿拉歌的價格還要高。不過川普是個重言諾的人，他複製了每一項家具，一一放在宅第中原本的位置。另一方面，當地政府不想看到紐約新富在棕櫚灘上創設豪華俱樂部，拒絕了開發俱樂部的申請。川普於是威脅當局，說他要以合乎區劃法規的方式，分割十九英畝的土地並建造新房屋。他很清楚區劃官員不想讓馬阿拉歌的土地上出現更多房子，也不希望失去歷史古蹟，因此善用兩害取其輕的心理，終於讓對方做出讓步。

川普以兩萬美金入會費和每晚一千美金住房費的價格，把這個絕無僅有的鄉村俱樂部變成當地富裕家庭迫不及待加入的會所。馬阿拉歌的會員身分成為名望的同義詞。面對川普施展的獨特和優雅的魅力，南佛羅里達的富裕人士完全無法抗拒。

在這項高難度計畫的談判過程中，川普示範了許多成功談判者熟悉的該做和不該做的事，我將在本章為各位提供這八項重要的指導方針。

第一：要放心信任自己的直覺

直覺給我們指引和保護，讓我們免於重複過去的錯誤。利用所有手邊資訊的習慣固然應該培養，但若因此輕忽直覺，可就錯了。川普和波斯特託管委員會談判時，他答應讓波斯特家族視為寶物的馬阿拉歌恢復昔日獨特的地位，繼續以國寶的姿態存在，並且推測對方會因此接受他較低的開價。他的直覺沒錯。

一般而言，每個人在生命歷程中都會發展出一定程度的直覺。其中有一部分雖屬潛意識領域，仍以我們經歷過的事情為基礎。如果直覺正確，我們會接受並據此行動。如果直覺錯誤，經驗會要我們改變直覺或加以丟棄。你所發展出的直覺通常是正確的。

舉個例子，假設你和配偶正走在夜晚的街道上，而你在轉角處看見一群吵鬧的青少年。你的直覺告訴你這是個具有潛在危險的情境，於是你過了馬路，避免遭遇直覺所警示的可能麻煩。人們會依據過去在相同或類似情境中的經驗，或聽過或讀過的東西，而採取行動。

當你在辦公室遇見某人，你的直覺——也就是經驗的總和——會幫助你打量對方並做出一系列相關判斷。當你和某人談判，而你的直覺說不能相信對方——雖然沒有特別的原因——它說不定是對的。你可能曾經在不同地方以不同的方式見過其他具有相同特質的人，他們使用相同的語言、有幾個類似的性格，所以不知怎麼的，你的直覺強迫你下了這樣的結論。有人可能會一開口就說：「你可以跟我合作，因為我這個人很誠實。」但根據你的經驗，你很清楚真正誠實的人沒必要說自己有多誠實，通常不誠實的人才會如此自稱。這就是直覺。

我的大哥是我人生中的一個最佳榜樣，不過他立的榜樣和一般人想的不同。他於二次大戰期間參加陸軍步兵師，雖沒受過正式教育，仍一路從士兵升上中尉。他經常因為英勇事蹟而受到褒揚，徽章多到連胸口都掛不下，是一位廣受尊敬的領導人。我父親因為心臟病發而突然去世時，我年僅十六。我本來希望能上大學、成為工程師、從麻省理工學院畢業的，然而這個願望卻因為父親的意外身亡而破滅。我還清晰記得大哥曾這樣對我說：「喬治，你一點都不要擔心。等你準備上大學，所有學費都由我來付。」不久之後，他從軍隊光榮退伍，準備在商場上大展身手。

大哥很快就顯出真正的性格。他是如假包換的超級推銷員。他有宏偉的構想，卻沒有錢落實。在我看來，他是那種連罪惡都可以賣給上帝的人。家中每個成員一一被他說服，紛紛把生活所需的錢掏給他。他成立了一家名為太理昂（Teleon，希臘文，意思是完美）的公司，並且宣稱擁有史上最棒的蒸氣熨斗的權利。「家家戶戶都少不了它。」他說。他把引人矚目的蒸氣熨斗原型拿給大家看，說凡是投入行銷種籽資金的人將來就能跟著他飛黃騰達。他隱而未言的是，他沒有生產設備，也不清楚行銷費用會有多少。他答應在一年內給投資人五成報酬，讓家人朋友們全部上當。他拿了錢就丟棄了蒸氣熨斗的構想，轉而決定用便宜的價格購買大量外國鋼鐵，但他根本就沒有成交所需的必要資金。他永遠身穿最昂貴的西裝，開最貴的車子，送人慷慨的禮物，然而在華服之下的他不過是騙徒。

我永遠也忘不了大哥，他能讓把黑說成白，將別人唬得一愣一愣，永遠追逐著不切實際的美夢，棄現實於不顧。他最後遺棄了妻兒，在支票被退票、麻煩找上門之前開溜，從此不見蹤影，而別人借給他的錢也隨風而去。他從沒把一毛錢還給那些信任他的人。不用說，他也沒有付過半毛錢讓我上大學。

這則故事的重點是，我在商場中有過很多次一樣的經驗：在傾聽對方說話時，彷彿聽見我大哥的聲音。我會這麼對自己說：「這傢伙真假，是那種答應把月亮和星星摘給你，到頭來卻食言的人。這傢伙和我大哥傑瑞沒兩樣。」每次我遇到這種人，我的直覺都很正確。直覺不只適用於觀察別人，也能用在談判的不同層面。例如，當你看著某件不動產時可能會不喜歡某個部分，而這種感覺並非出於任何理由。話說回來，直覺雖有其可信度，但它只是起點。你不應該堅持自己是對的，但你確實應該正視直覺所引發的反應，大大地提高警覺。

第二：要展現自己的談判風格

總是在談判時展現遠見的川普，將他獨特的個人風格帶入了馬阿拉歌的談判當中。他不只認真談判宅第的購買價格，更訴諸波斯特家族與託管委員會的利益。就他做生意的風格而言，想像力與願景的重要性絲毫不亞於資金籌募。每個人都有自己的基本性格和風格。請以此為個人談判的起點，再依據對手的風格採取必要的改變。若你適應和模仿他人風格時努力過頭，只會給人作假的感覺。舉個例子，只有基本學歷卻拚命使用困難字眼的人，終歸是徒勞無功的，因為別人輕易便能識破。你應該忠於自己，忠於你受過的教育和出身背景，依據這些實在的特質來創造屬於自己的談判風格。當然，你也必須根據交易中顯而易見的個別情境，量身訂作一套談判風格。如果需要幽默，請展現幽默。如果需要用淺白的話語和對方溝通，就不要用詰屈聱牙的字詞。如果友善的態度是關鍵，就請你放送魅力。在展現自我和融入環境的變色龍之間找到平衡點吧！

第三：不要言及自己的弱點

對談判高手說太多話，只會讓他抓住漏洞來對付你。如果你對某人說價格對你並不重要，那麼他就會盡可能想辦法讓你支付最高的價格。如果你讓他知道你沒有耐心延長討論，那麼他就會一次又一次拖延，把你的耐性消磨殆盡。

川普開始談判馬阿拉歌時，沒有提到他自己其實不清楚購得之後有何用途，也沒有因為出價低於其他人而感到抱歉。他強調對方和他交易有何好處，例如他誓言修復宅第，使之恢復昔日榮光。他未曾言及或暴露自身的任何一個弱點。

同樣的原則也適用於談判技巧。如果你向對方說：「我對數學不在行。」他們就會用某些數學戰術來對付你，例如提供扭曲不實的數字讓你無法招架。如果你告訴對方你記憶力不好、記不住細節，那麼對方會以為他可以利用這個健忘特質來欺騙你。

絕對不要道出自己的弱點，而且要同時做出補救。如果你數學不好，請隨身帶計算機。如果你記性不佳，寫筆記的時候就得巨細靡遺。自己不擅長的領域，一定要請專家協助你，切勿遲疑。會計師、律師與筆記員都能協助你彌補缺點。

第四：要顧問盡量保持沉默

如果你真的帶了人手幫忙談判，請要求他們保持緘默。除非是以下兩種情況，否則別讓他們替你發言：一、事先經過你授意的特定陳述，二、你當場請他們幫你回答的問題。要知道，很多交易都是被非談判者搞砸的。舉個例子，當賣方在討論途中開了價，你不希望會計師在這時候說：「你開的價沒有問題啊。我們還以為你會要求更多呢。」你不希望自己精心安排的策略因為同伴說錯話而毀於一旦。

律師、會計師、投資顧問——任何在無意間把你不想讓對方知道的資訊洩漏出去的人——都是這項原則的適用對象。會計師說不定還以為他在幫你促成交易呢，根本不知道他只是在扯你後腿。請你妥善指導談判幫手，只讓他們幫你遮蓋短處，不讓他們削弱你的談判威力。

有個人曾經找過我，希望租用我客戶名下某大樓的空間。他帶了空間設計師一起來，我問設計師：「我們的空間是否符合你客戶的需求？」他回答：「你們這一萬兩千平方英尺的空間規劃，是我看過最有效率的設計了。」這份資訊對我而言極為重要。現在我知道我方在空間上的高效率讓對方深受吸引。設計師不假思索的回答讓我的談判威力大增。他的客戶應該事先要求他不可在未獲授意的情況下向我洩漏任何資訊的。

相反的情況也可能發生。例如，空間設計師可能會說：「我們在找一萬兩千平方英尺的空間，但這個地方對我們而言很不理想，因為有三成的空間都不能使用。」現在我擁有之前不知情的資訊。我知道對方很在意空間配置。我已清楚他們在意的是哪一項缺點，也明白我必須找出某些好處來抵銷這項負面因素。

第五：不要相信「恐慌」理論

恐慌理論是談判常用的一種手法。賣屋的人會對你說：「如果你最高就只能出這個價格，也沒關係啦。其他兩個人開的價格比你高，我去跟他們談好了。」若此話當真，又何必跟你說這麼多？汽車銷售員也用這種手法。他們會說你要的車款只剩一輛了，而且已經有人說明天要買，如果你想買的話，最好現在就下決定。他們的用意是希望透過稀有性和時間壓力來提高你的興趣。

這種話通常不是真的，因為，如果真有人等著要買，銷售員根本就懶得跟你談。如果已經有人在排隊等著簽文件了，又何必在你身上浪費時間？因此，因應恐慌理論的方法就是婉拒對方，同時別把交易大門牢牢關死。你說：「好吧，如果別人出了更好的價格正等著買，就賣給他吧。不過，要是事情沒成功的話，不妨打個電話給我。屆時如果我還有興趣，可以再見面聊聊。」這麼一來，你延後了決定的時間，同時卸除了時間壓力。你拆解了恐慌理論，但請小心，不要質疑對方或他們的可信度，因為你不想破壞未來跟對方合作的可能性。你只是讓對方明白此刻你並無成交意願，僅此而已。

當土地區劃當局告訴川普，說馬阿拉歌有更好的用途，所以不允許變成鄉村俱樂

部時，川普知道對方想對他施用恐慌理論。他們以為川普會為了取得許可而遵守他們加諸馬阿拉歌的種種限制，然而川普卻識破了他們的手法，拒絕隨之起舞。雖然他曾答應託管委員們說他會整修宅第，保持其完整性，但他仍威脅市府，說如果不發下鄉村俱樂部執照，就要拆毀無價的宅第，分割十九英畝的土地來蓋房子。川普知道棕櫚灘市政府不想看見更多興建在小塊土地上的房屋，而區劃當局也明白雖然他們已經修改過區劃法規，但川普的打算是合法的。與其如此，不如發給川普執照，讓他把馬阿拉歌經營成一座符合市府要求且風格獨具的鄉村俱樂部。最後，他們還是把執照發下了。他們不知道川普絕對不會背棄他對委員們的承諾，也不明白川普的威脅只是說說而已。

恐慌理論的破綻通常在於它的表達方式。如果對方能做成更好的交易，他根本不會對你說這件事，直接就跟別人談了。他只會告訴你大門在哪兒，然後打電話給那個可以跟他進行更好交易的對象。如果他可以去別處進行更有利的交易，把你留下來談判對他來說並無好處。

人們持續使用恐慌理論的理由是它往往能發揮效果。很多人認為他們必須同意某件事情（例如買車），而且必須在「今天」做出決定，以為這是他們最後的機會。對方讓他們誤以為如果現在不以這個價格買這輛車，以後就永遠沒機會成交了。但請你仔細想想看，是否真的常聽說「某人錯失一筆大好的交易，後來就沒辦法很快找到另一筆好交易」的事情呢？

再請記得，如果某人對你施用了恐慌理論之後又來找你，這表示一件事：現在你知道你是出價最高的人，所以可以壓低價格了。

第六：不要用盡全力

談判過程中所建立的關係絕少是一次性的。你很可能會需要跟某個人、某家公司、甚至某個業界維持良好的合作關係。你可以施用很大的力量去得到想要的東西，但是在單一談判中用盡所有力氣不必然是明智之舉。

顯然，如果川普認為他必須出最高價才能買到馬阿拉歌，他是可以這麼做的。但他知道可以強調自己整修破舊宅第需要花多高的成本，於是他採取了能滿足委員們希望的聰明談判方式，並未提高購買的價格。

為了未來交易而保留空間，就是給自己在後續談判中加入新想法的餘裕。**拒絕使盡全力，可以建立名聲。**人們談到你的時候會說：「他沒把我逼到牆角。他很容易打交道。」

有得有捨的談判就像股票，有時漲價，有時跌價。你可能需要目前和你合作的人為你推薦或引介。舉個例子來說，我曾經在談判時跟代表某大金主的法律事務所打交道，該金主提供了紐約市第五大道上某辦公大樓的高額貸款。多數貸方手上都有一長串法律顧問名單可供選擇。依照慣例，貸方律師費由借款人支付；當貸方律師跟借款人請款時，無論金額多麼驚人，借款人都沒有選擇，必須照單付款。業界有一個合理的收費範圍，而多數事務所的收費也大致合乎於此。但沒想到貸方的律師事務所竟然寄了一張遠高於一般收費的帳單給我的客戶。我認為太荒謬了，打了通電話過去說：「你們在這筆交易所做的工作不該收這麼多錢。我想你們應該減少收費才對。」

他們回答：「這就是我們的費用，沒有討論空間，你的客戶就得付這麼多。」費用是照付了，但是我永遠不原諒那家高姿態的法律事務所。

後來，當我碰到打算採用同一家事務所的公司時，會特地說明：「我不跟那家法律事務所往來，選別人吧。」

你想像得到貸方從不只兩三個人那裡聽到這種話的反應吧。你猜怎麼著？那家法律事務所被貸方除名了。既然名單上的法律事務所那麼多，代表大型借款人的知名律師抱怨的對象，貸方是不會想僱用的。負面評語可以讓你在不知不覺中失去生意，正面評語則可以幫你從你不知道的地方帶來生意。

第七：不要忘了：錯的東西沒有對的價格

如果交易無法給你整體上的滿意，千萬別成交。這就好像成本低廉的產品不見得好到值得買。如果你因為想開一家零售店而四處尋覓店面，你可能會發現能見度高、位於交通要道的地點，要比沒有能見度和車輛不經過的地點貴上三倍。你大可對朋友吹噓說你付的價格只有其他店面三分之一，但你這生意是做不久的。

例如，若是川普分析之後，判斷在馬阿拉歌上的財務投資將永遠得不到回報，將會如何？果真如此，只為面子而繼續談判就太愚蠢了。**如果報酬不夠，川普是不會繼續下去的。**結果就跟通常的情況一樣，他想出了各種可行的構想；川普一開始談判時，他的直覺就對他說：你可以讓這樁交易成功。

試想讓一個男人單獨出門去買車會發生什麼事。太太會經常陪著先生購物就是因為她們知道有何結果。丈夫的任務是用一百萬元的價格買到一部好的運動休旅車，讓老婆可以四處跑腿、載孩子去上運動課、採購日常物品、載全家人到處旅行。如果太太派丈夫去買運動休旅車，而他卻買了一部一百五十萬的雪佛蘭雙人座跑車回來，雖然已是折扣價，太太一定會怒言相向，且這句話絕對不可能是：「真是太棒了，親愛的。」

車子買錯了。當然，他會辯稱能用這個價格買到跑車真的非常划算，但是太太是有理由發飆的。**價格對了，東西卻錯了，這點你可得好好記住。**

第八：要在實際範圍內設下高目標

你必須針對談判中會討論到的價格或其他關鍵事項設定「不確定區」。如此一來，你就能比較你最初要求的目標和你將會接受的目標。如果目標訂得高，但是符合實際，那麼你已經把不確定區的參數設定妥當了。當川普設定馬阿拉歌案子的出價時，他必須選擇一個一方面能給他充分的向上談判空間，一方面金額夠高、會讓人認為他是真心想要勝出的數字。結果，他沒有出更高的價格，而是提出整修的概念。以下是另一個「不確定區」如何運作的例子。如果你想用一百五十萬元賣掉房子，你可以開價一百八十萬，但是你可以用合乎邏輯的理由，例如：房屋狀態、額外特色、土地大小或景觀等，來合理化較高的價格。不過在現實上，房子總有一個沒有任何買家會超過的最高價格，這個價格就是你在一開始時應該開的價。你知道買家起初的出價可能介於一百三十萬到一百四十萬之間，但那只是開始而已。不確定區的頂端在一百八十萬，底部在一百三十萬到一百四十萬。既然釐清了不確定區的範圍，接下來就是在界限內談到一個能讓雙方接受的價格。

價格有不確定區，其他事項也有不確定區。 如果你和某人談判時必須就成交期限達成共識，而你知道這類談判一般需要三個星期才能成交，那麼你可以說你想在十天內成交來界定不確定區。如果對方說：「我至少需要三個月才能完成交易。」這麼一來，你就知道影響這項討論的參數，從而朝向可接受的妥協辦法而努力。

設定立場後，請盡量多留些談判空間給自己，但也請記得，你的立場在對方眼中必須是合理的。如果他們認為你只是在利用不合理的要求浪費他們的時間，談判是不會有進展的。

每位談判高手都可以從本章的該做與不該做事項中學到些什麼。我建議各位牢記前述的指導方針，每次談判時就回想一遍。你會發現，這些方針能在談判遭遇困難或對方開始玩一些典型把戲時發揮很大的效果。它們能幫你清楚分辨可為與不可為之事，讓你在大部分的談判中占得上風。

喬治羅斯說：讓人無法拒絕的成交術。

1. 累積許多實戰經驗後，有時可以相信自己的直覺判斷。
2. 不要相信對方口中的「虛擬客戶」，他們只是透過競爭的方式勾起你的興趣。
3. 談判很少是一次性的，因此不需要每次談判都用盡全力。
4. 面對談判高手，最忌諱說太多，以免暴露自己的弱點。
5. 帶專業人士出席有助於製造對方壓力，但應確保同伴不會亂說話。

14 利用電話和電子郵件談判的要訣

電話或許是所有人類發明中最詭譎的一項工具，至少就談判而言是如此。手機的問世更使情況惡化。知道怎麼用電話的人不太有這樣的困擾，但可惜大多數人並不明白其中巧妙。破裂是談判的致命傷，即使沒有電話，談判脫軌的情況也是家常便飯——當然，除非你不喜歡談判進展的狀況，想要暫時換換主題。

多年前我曾僱用過一位祕書，這位義大利美女有著一身橄欖膚色，美得令人屏息。她的美跟衣著或化妝無關，就是如此麗質天生，無論走路和說話都散發著優美和魅力，是我畢生見過最令人心神蕩漾的尤物。當時我正和其他四位律師熱烈談判著，我們都非常投入。我有意調整談判的步調，卻不知道除了製造一點小插曲之外，有何他法能達此目的。我需要某封信件的影本，於是撥了電話要祕書拿來給我。她把信拿來了。當她步入辦公室時，我們五個律師全盯著她看，霎時說不出話來。效果好得出奇。她只說了一句話：「你要的文件在這裡，羅斯先生。」接著就轉身離開了。五位律師個個目瞪口呆、面面相覷，然後有個人問：「我們剛剛談到哪兒啦？」屋內針鋒相對的煙硝味瞬間化為烏有，自此之後，談判就進行得很順利。這次計畫外的小插曲有非常好的效果，於是我後來將它變成談判計畫的一部分，針對特定的環境和人格特質加入這項安排，而且每每能達到預期的效果。

因為人們的思緒很容易中斷，談判氣氛不需費什麼力氣就可以改變，所以你必須有意識地保持專注，特別是在讓自己分神的事發生時。面對面談判要維持專注已屬不易，在電話談判的情況下更是難上加難。人們過了許多年才開始在家中安裝電話，因為不了解為什麼會有人在客廳裝上這樣的設備，讓自己隨時受到鈴聲的召喚、開始跟別人對話。是的，我們今天有的就是這樣的東西，而現存的科技已使談判環境變得更為複雜。

電話有好的一面，也有壞的一面

電話的功用就像加速器，它和面對面做生意迥然不同。比較一下典型的通話時間和典型的會面時間，即可有效證明我的論點。請你自問，通話多久稱得上冗長？就談生意而言，一個小時就已經是非常、非常長的通話時間了。然而在面對面的談判中，一個小時能完成有意義的交易算是很快的。舉個例子，如果你要買房子，通常需要撥出許多天時間進行談判。

電話的本質使得每件事發生的時間比面對面開會快很多。人只具有在有限時間內通話的能力，很容易這麼想：「已經夠了，我們快點談完吧。」這是一項極為不利的因素，因為雙方最後只能得到較少的資訊。當然，你一旦知悉電話談判所隱藏的陷阱，就能在經過練習之後，利用電話來增加自己的優勢。

便利性

電話的便利就是它最大的缺點。如果你是接聽電話的一方，它發生的時點可能會危害到你的談判策略。你無法控制來電的時點，電話隨時可能在你處於未做準備、心有旁騖或沒有心情談判的狀態下響起。來電立刻中斷了你當時手邊正在進行的事情、打擾了你身邊的人、影響了你的時程表，讓你立刻處於劣勢。如果你相信「以其人之道，還治其人之身」這條黃金法則的話，不妨逆向操作，替自己爭取優勢。由你撥打電話，狀況就會在你的控制之下，至於時點不好、必須採取防衛性行動等問題，就交給對方去考慮吧。諷刺的是，人們原則上不喜歡拒絕來電，即使當下不方便亦然。其實接電話時大可說：「因為時差問題，我現在還很睏。過一個鐘頭再來電好嗎？」然而很多人就是會在不方便的時候說沒關係。因為他們認為大部分的來電都很重要，所以願意接受劣勢。我們的文化喜歡把事情快快完成，不喜歡拖延來電者的時間，因此，如果有人在對方未做準備的狀況下打電話去，就取得了一個明顯的優勢。即使來電者身分辨識和答錄機已經降低了接聽電話的必要性，大多數人仍會在鈴聲響起時伸手接聽。

各種電話陷阱

電話通常在混亂的情況下響起。參加面對面會議前，你會準備好完整的目標表列、議程討論要點，以及一疊載有研究結果的資料，準備發給與會者，而支援你的團隊成員也齊聚一堂，幫助你提出令人信服的主張。使用電話時，你卻無法做充分準備，充其量只能在電話中談談議程而已。如果打電話的人是你，你幾乎可以確定對方是處於未做準備的情況。每一通電話談判都要面對的一個大問題是：「一方或雙方將會忘記的事項，究竟有多重要？」

以下各項電話談判建議將為你贏得極大的優勢：去電前，為自己寫一份書面事項表，把你想提及的所有重點按優先順序列出，不要遺漏。無論於何時接到他人的來電，都請你問清楚對方的確切意圖，專注傾聽，並記下對方說的話。這應該是單方向對話——他說、你聽。為釐清對方的語意，你可以發問並偶爾加上一句：「我知道了。」然而有意義的討論並未開始。在通話結束前，你只要說：「你來電的時間很不巧，現在我剛好有點事，我會再回你電話。」如此即可。

為了能以思慮周詳的聰明方式回覆電話中稍早提及的事項，你可以花十分鐘、一小時、一天，或是其他長度的時間進行準備。這麼一來，你回電時，一切將在你的掌控中，你非常清楚自己要說些什麼，但對方卻尚未做好足以回應你的充分準備。

請記得，人用電話開會時很容易忘記事情。所以，就任由對方以大多數電話討論中的非正式態度漫談吧，你只要安靜傾聽即可。有些人真的會忘記事情，接聽電話的一方往往會決定在尚未仔細考慮後果的情況下做出回應。聽電話者不太可能做好周全的準備；撥打電話者的準備則比較周全，即便他所做的準備只是非正式地在心中列出他想討論的事項。電話談判就像所有的談判一樣，是由有條理的一方主導。你必須訓練自己做好隨時進行電話談判的準備。你應該備齊所有可能需要的文件、一份討論事項清單、一個計算機，大致估算通話時間的長度，以及討論所需的任何人、事、物。別忘記法國科學家巴斯德曾說的話：「機會是留給準備好的人。」

沒有面對面的情況

電話談判最大的一個缺點，是無法對聲音以外的任何事物做出反應。你看不見對方的任何臉部表情、肢體語言或互動。我們通常用來判斷自己送出的訊息對他人有何影響——或判斷對方在提出主張時的確信程度——的許多方式，完全不存在電話上。

如果你想得到「不」的回答，就使用電話吧。電話是最不適合提出令人信服的主張，也不是改變他人心意的適當途徑。**由於你看不見其他人的反應，因此對方很容易在你根本不知情的狀況下跟你玩權力遊戲。**例如，你在電話會議中做了一項聲明，對方可以用臉部表情或肢體語言向另一個人傳遞訊息，你完全看不見；但其實對方的做法在面對面的現場談判是行不通的。缺乏面對面現場談判所提供的各項資訊是電話談判的一大缺點；如果你只有一個人，而電話另一端的人數是兩個以上時，你更是處於劣勢。

你不知道有誰在聽電話

電話談判代表著一種型態特殊的挑戰：你無法確認在電話另一端的人是誰以及他們

扮演的角色。即使你提問，對方也未必據實以告。他們可能會說：「今天在線上的只有我。」而你回答：「很好。我很高興約翰・史密斯沒在聽，因為我沒辦法跟那個婊子養的講話，那傢伙只會製造問題，從來不提出解決方案。」

約翰・史密斯當然在線上，而且他現在比以前更和你勢不兩立了。

如果你們是在室內面對面，你看得見有誰在場，也許對方會說：「我偷偷告訴你吧，我們會計部門的人不喜歡你們的數據。」此時你可以輕而易舉捍衛自己的數據，說不定還會稍微損一下會計人員。但在電話談判時，財務長或會計人員可能也在電話線上，他們可能會寫紙條給正在跟你說話的人，告訴他該說些什麼、問些什麼、怎麼回答。這種情況對你非常不利，因為你不清楚電話的另一端有誰，也不知道談判是由誰控制的。

你必須在電話上採取守勢。請你假設有其他人正在聽著你倆的談話，並且三思而後言。若你認為你在電話討論中處境不利，請堅持和對方面對面開會。

當然，你也可以反過來利用電話。如果你打算和某人進行電話談判，那麼不妨請你的會計師（或律師、總裁、其他顧問）到場，讓他們寫紙條給你，告訴你該說些什麼。倘若電話談判真有優、劣勢之分，你最好能屬於前者，而非後者。

致命的干擾

談判是有一種動能的。每一項對於正常談判的干擾都會產生挫折。人們無法在持續發生干擾時維持專注力或態度。如果你受到干擾，心思就會飄移至他處，變得破碎、凌亂；干擾愈多，情況就愈糟。因此，如果你在和某人講電話時，對方不斷請你稍候，讓他跟其他走進辦公室或在另一條線上的人說話，那麼，就請你釜底抽薪吧。你必須說：「等你講話可以不受干擾的時候，再打給我吧。今天下午三點好嗎？空出四十五分鐘的時間，再給我打電話吧。」

諷刺的是，你也可能習慣一邊講電話，一邊接受其他絕對不見容於現場會議的各項干擾。你辦公室的其他人絕對不會為了問你一個問題而貿然走進會議室中斷會議；但同樣一個人卻會打電話給你，若你接聽了這通電話，干擾就發生了。有時，優先順序高於電話談判的干擾情況也會發生。譬如說，假設川普在我講電話時走進我的辦公室，我是不可能在川普等我的時候專心講話的。我立刻會告訴電話另一端說：「剛剛發生了一件事，我必須馬上處理。我再回電給你。」請注意，我沒說何時回電，因此時間是由我掌控的，即使川普的到訪需要我立即行動也沒關係。

無法檢視文件

在面對面談判中，你可以主張：「我這裡就有數據，能說明我方採取這個立場的正當理由。」你可以一邊說，一邊把證據拿給對方看。但在電話上卻沒辦法這麼做。

你是否曾在電話中聽見對方翻閱紙張的聲音？他在找能說明立場的證據，可是這麼做有什麼用？你只聽得到翻動紙張的聲音，又看不見文件。正如你讀不出對方的心思，你看不見對方的文件，而他們也看不到你的。

雙方在此情況下都處於劣勢。因為看不見對方的文件，任一方都無法否定另一方的論點，甚至連對方到底有無令人信服的證據都不知情。由於對方無法要求立刻看到證據，於是有人會在電話上宣稱他擁有令人信服的證據，以此作為談判計謀。對方會說：「我這兒有一份知名仲介公司所做的調查。數據顯示，和你這棟建築物類似的平均建物的租金，每平方英尺只有二十八美元。」而你開價三十五美元，如何在電話談判中反駁對方的調查報告呢？這份調查可能不存在，可能是五年前的數據，也可能是不良取樣的結果。無法檢視文件，就無法得知詳情。

容易期待解決方案

電話談判在本質上藏有這樣的一個陷阱：人們在電話上會沒來由地期待雙方能達成某種共識。但同樣的事情並不會發生在面對面的會議中。

進行面對面談判時，你可能會想在某個時點這麼說：「這件事我回去考慮考慮，我們過幾天再討論吧。」當你跟對方同處一室時，這樣的發言很尋常。但雙方若是透過電話溝通，則比較容易針對某件事情達成共識。若我倆已經就某個議題談了十五到二十分鐘，彼此都會認為有權在當下得到一個確定的答案。

學習掌控電話之道

說明了電話談判的複雜之後，接下來，我將為各位示範取得電話談判優勢的方式。

學習傾聽

有件事你絕對要記住：人們不會在電話上專心聽對方講話。這是為什麼呢？因為不知道對方何時會說出重要的事，等聽到的時候，往往已經說完了。同時，你也不清楚對方有沒有在好好聽你說。因此，這是個雙重問題。由於你欠缺視覺線索，只能就聽到的聲音做出回應，因此，請必須格外專注傾聽對方在說些什麼，並且將重點逐一記錄下來。

如果你想在電話談判中讓某人發瘋，只要幾分鐘不說話就可以了。過不了多久，對方就會開始發狂，說：「你還在電話上嗎？是不是斷線了？你聽得見我講話嗎？」或諸如此類的話。在面對面會議中的一方或雙方可能會在各種情況下靜默不語，或許只是在思忖答案。在電話上，沒人說話卻意味著溝通完全破裂，說最後一句話的人會自覺必須填補空白。當你讓這樣的事情發生，使對方不得不繼續講下去時，你能從對方身上得到的情報，將比他能從你的靜默中得到的多得多。有時候，你將從對方身上得到他們永遠不會在面對面開會時透露的大量情報。

問清楚來電目的

無論何時接到來電，一定要問清楚對方想講什麼，也就是他為什麼來電。接著，請安靜而專心地聽他怎麼回答，只有當你做出回應能得到更多資訊時才開口。若對方說：「我認為你的要價太高。」你可以問他：「那你認為應該是多少？」這麼問能得到更多資訊，但不表示你認同對方開價太高的意見，也不表示你願意跟他談判。如果對方開給你另一個價格，至少你知道他是怎麼想的。你已經用不洩漏任何資訊的回答方式，得到了情報。

在問到了所有問得出來的資訊之後，你仍然想要掌控討論。因此，你應該說：「你說的事情我先考慮考慮再回覆你。」若能增加優勢，不妨選定一個後續的討論時間，不然就不要定時間。於此同時，你可以採取任何你認為妥當的行動來設想如何回覆。當你做好準備、備齊足以強化立場的資料時，再回電話給對方。你已經知道他說願意付多少錢，你也知道自已願意用多少錢賣。如果不確定區很窄，應該不難跨越雙方意見的歧異。或許「我們各退一步」是可行之道，也可以用前述的其他訴諸人性的手法。如果雙方的價錢差太多，那麼就需要提出足以說服對方修改出價的理由，或是準備採取「要不要隨便你」的立場。

隨時使用檢查清單或事項表

請養成列出電話檢查清單或事項表的習慣，將每件事情按照優先順序排列，確定沒有遺漏，並時時更新。請在對方來電時盡量多蒐集情報，如此一來，你才能在萬事皆備的情況下回電。在討論過價格、得知對方心中的想法之後，你可以問：「你還想討論其他的事嗎？」或許那是交貨日、各項陳述或其他待議事項。

當你回電時，手上要有檢查清單、事項表、要向對方表達的主張，以及任何所需的依據。如此你便能處於極有條理、萬事皆備的狀態。

不要在可能有干擾的情況下進行電話談判

請避免在進行重要電話談判時受到干擾。你應該關上門，並通知櫃檯人員或祕書，等你說可以了再把來電轉給你。這些事是你可以控制的，但你無法控制對方那邊的情況，除非你堅持對方要這麼做。你可以說：「我們要討論的事情很多，這樣的討論應該在不受干擾的狀況下進行。我可以空出明早九點的時間，你方便嗎？」選取一個雙方都有空的時間，那麼談判的結果將好到出乎你的意料。避免干擾的一個絕佳方式，就是創造我所謂的「安靜一小時」。騰出一小時把需要打的電話都打完，同時摒除任何外來干擾（訪客、物件遞送或來電）。根據我的經驗，安靜一小時的功效相當於至少八十分鐘。請親身試試，你將發現安靜一小時能做的事情多得讓你詫異。

備齊所有拿得到手的資料

涉及大量文件的談判非常不適合在電話上進行。如果你無論如何都必須在電話上談，請預先做好萬全的準備，讓自己處於有條不紊的狀態。提出論點時，請把所有文件以整齊而易於查找的方式放在手邊。

人們不會在未整理好資料時進行面對面談判，但是面對電話談判的態度卻隨便多了，往往沒什麼準備，也無法有優異的表現。如果了解這一點，你就能掌控局面。有條不紊、做好完全準備的人，將占得明顯優勢。

該準備的不只是資料而已，凡是可能派得上用場的東西，都應該備齊。例如，請做好在必要的情況下處理數字的準備。談判大多涉及金錢以及與錢相關的討論，因此你必須準備好當場處理數字。只要可能涉及數字，就一定要隨身攜帶計算機，由自己或己方一位懂得操作的人來使用。

做好筆記

你或許善於記錄面對面會議的重點，但我必須再三強調，好的筆記對電話談判一樣非常重要。你必須記錄每一場討論的各個面向——決定了什麼、遲遲未決的爭議涉及了哪些領域、各項議題的定義，以及分條列述的新議題等等。筆記完成後必須立刻歸檔才具有價值。如果等到筆記丟了或找不到筆記時才想起來應該歸檔，那當初講那通電話有什麼用？既然談判大多由一系列的討論和會議所構成，筆記上應該要註明日期，詳列對方人馬的姓名，並且詳述細節。請你用日後需要回頭查看的心態來寫筆記；態度懶散的人，是會付出代價的。

多數人並不做這樣的筆記。如果你曾經觀察講電話的人，你會發現他們可能滔滔不絕談著重要議題，卻沒做筆記，甚至只是心不在焉胡亂塗鴉。電話談判的重要性不亞於面對面會議；要是沒有筆記的話，就很難約束對方。若你能在對方想不起討論細節時告知日期和時間，並引述他們當時說的話，就能得到很大的威力。要是對方沒有好的筆記，那你就勝利在握了。

以後續信件確認談話內容

我之前建議過各位，定期以信件來總結議題，記錄會議內容：包括決定事項、維持不變的事項、期限等等。後續信件對電話談判的重要性更高，因為人們對於電話上的談話內容態度很隨便，很容易忘記自己說過什麼。他們會忘記自己提出的論點包括哪些細節，看待電話談判的態度也比較不認真。和面對面會議相比，電話談判細節的紀錄更是不可或缺。

接到後續信件的人很少會說「我們達成的共識不是這樣的」或「這不是我們討論的內容」。一般而言，他們不是根本不讀你寄的信件或電郵，就是認為你提及的議題不重要，不需立刻回應。這是人們低估電話談判之重要性的另一個例子，由此我們可以推知，他們不太可能質疑後續信件中的陳述事項。日後如果發生對方自相矛盾，或輕易忘記自己曾在電話談判中同意過的事，你的後續信件或電郵便將成為一份非常重要的紀錄。

電子郵件必備常識

電子郵件的溝通會留下文件紀錄，這點和電話是截然不同的。因此，人們通常會用比較認真的態度面對自己寫下的電子郵件。

以下的重要事項請你牢記：

- **文法和標點符號能給人好印象。**很多人寫電子郵件時不檢查錯別字，這是不應該的。避免錯別字和標點符號不是過時的想法，它能讓人對你的教育、知識與細心留下好印象，同時表現出你很在意留給對方什麼樣的印象。

- **非語言表達可能會被人誤解，請小心。**只有文字可讀時，聽不見聲音的語調。如果我寫道：「這件事很重要，我們必須立即討論。」你讀了以後無從判斷我的態度是友善、還是生氣，也不知道我是隨意提及或強烈要求。因此，在用字遣詞時必須謹慎。舉個例子，我可能會改寫成：「正如雙方已經討論過的，這份文件必須在明天之前完成記錄，才趕得上合約期限。我們必須立刻進行討論。」我在原先的陳述之前加上解釋，使句子變得更易了解。我提出了解釋，方便對方做出更立即的回覆。

曾有位女士寄了一封電子郵件給我。我和她在那之前已經交換電郵好幾次，針對交易細節進行談論。但她的那封電郵只寫了「不謝謝你」這幾個字。

沒有語調的這封電郵很容易遭到誤解，甚至被解讀成和原意完全相反。原本事情一直進行得很順利，這幾個字卻讓我開始擔心了起來。我感到困惑，而且坦白說，我不記得自己在上一封電郵中說了什麼。於是我把上一封信找了出來。因為她把我要求的好幾件東西都寄給我了，所以我在上一封信中回答：「寄來的資訊已經收到。謝謝妳。」

現在我終於看懂她的意思了。她說了：「不，謝謝你。」以此來回應我的「致謝信」（意即，她因為我稍早為她做的事而感謝我），只是未能表現出感激的語調。若再缺乏正確的文法和強調符號，說不定便會造成誤解。

- **後續信兼具了重要性和禮貌。**在複雜討論後寄出的後續信是一項有效的談判工具，也是禮貌的表現。無論雙方的討論是以面對面、電話或透過電子郵件進行，替討論做個總結總是沒錯。後續信可以這麼開始：「對於您在解決細節方面所做的一切努力，本人僅在此表達謝忱。我相信，雙方未來將能為待論之議題找到解決方案。」接著總結雙方已經達成的共識、其他需要進行的事，以及已經訂定的期限（如果有的話）。

這樣的後續信能讓談判維持明朗、具備展望，同時敞開溝通的大門，避免發生誤解。電子郵件不占辦公室空間，簡單又好用。對方可以把你的電郵移至線上檔案夾，不占據任何實體檔案空間，日後查詢起來也很方便。

只要你隨時留心電話和電郵溝通的各項問題，就能在問題發生即時處理，使它們不致成為談判時的障礙。多多留心這些陷阱，你的談判功力將更上層樓。

各位注意到了嗎？我在整章中都沒有使用「電話會話」這樣的字眼，而是「電話談判」。每一通來電或電話會話，無論氣氛有多麼輕鬆、隨意，實際上都是一場談判，因此你對它的重視不應該亞於其他形式的談判。千萬別忘了。

喬治．羅斯說：現代科技容易讓人分心，談判時應小心不讓注意力飄走，專注在目標。

1. 商務電話可能在你完全沒準備時響起，或中斷你正在進行的事，你應該主動打電話，把電話的缺點變優點。
2. 電話談判的缺點是讓人事後很容易忘記說了什麼，且容易受干擾，因此你必須更專注，有時也可利用干擾，中斷不利於己的談話。
3. 仔細傾聽並記錄下電話中溝通的細節，將談話結果寄給對方，因為大部分的人會低估電話的重要性，因此你必須好好利用。
4. 電子郵件溝通必須重視用字遣詞、語氣及標點符號，才能讓對方留下好印象。
5. 不管是電話或電子郵件，都是談判的一部分，不應輕乎其重要性。

15

利用備忘錄記錄各種承諾

你可能從對方得到的拘束性承諾不只有合約上的簽字，還有很多形式。每一場談判——特別是川普式談判——都是以跟對方發展個人關係，以及取得從關係中滋長的各項利益為基礎，因此也包括了超越合約書的法律層面的事。由值得信賴的某人所做的道德承諾，往往優於法律承諾。我本人就親身見證了川普家族的這項特色。

川普在籌備川普大樓時，需要找蒂芬妮的執行長瓦特・何芬（Walter Hoving），洽談購買該公司第五大道的額外空間權事宜。緊鄰川普大樓的坎德爾名下的不動產，其購買選擇權亦為蒂芬妮公司所有，這也是川普購買的標的之一。川普的父親和瓦特曾做過幾次生意，因此跟兒子說，他認為可以跟何芬在短期內談成公平的交易。雙方安排在何芬的辦公室碰面，與會者包括唐納・川普、瓦特、弗雷德・川普和我，以及來自高特兄弟法律事務所、擔任蒂芬妮法律顧問的一位年輕律師。弗雷德和瓦特已於會前進行過討論，待本次會議做最後確認即可。當弗雷德和瓦特握手成交，我方人馬準備離去時，來自高特兄弟的律師表示他已經準備了文件給弗雷德簽名。瓦特要求檢視文件，在看過之後順手就撕了。他看著律師這麼說：「年輕人，你可能是個好律師，但是說到跟人打交道，你還有很多要學的。當弗雷德．川普決定成交，他絕對言出必行，不需要書面文件。」

這不表示你可以省卻文件。**遇到複雜的談判時，你準備的工作文件具有三重功效：釐清議題，為整樁交易標出重點，以及創造川普式談判最重視的道德承諾。**良好的工作文件能增加雙方投入在交易上的時間，從而強化對交易的承諾，此外它也是最終的、具法律效力之文件的綱要，能節省時間，免除日後爭議。

川普位於聯合國的世界大樓，就是良好文件支持重要口頭共識的完美範例。興建這棟大樓不只是買地、取得執照這麼簡單的一回事而已。川普想要蓋出全紐約最高的住宅結構，為達此目的，他需要取得空間權，因為空間權是決定開發商能否興建高樓的關鍵。根據紐約法律，同一街區的不動產空間權是可以移轉的。因此，川普需要從相鄰土地的所有人手中購得空間權，才能興建高樓。這件事情相當複雜，川普不僅必須同時和多方打交道，還得在保密狀態下談判。如果他的構想傳了出去，空間權的價格就會立刻大漲特漲。於是他對每一位地主做出口頭承諾，答應給予一樣高的價格。他們對川普很信賴，讓他得以在構想散播出去以前和每一位地主談成交易。正如各位可以想見的，早在交易進展到執行法律和拘束性文件之前，上述的所有安排、承諾、合約以及權利的購買就已涉及大量的書面文件；然而，先前的口頭共識卻沒有遭到毀棄。

非拘束性意向書和了解備忘錄的價值

為了使交易、特別是複雜的交易有清楚的焦點，你必須從清晰的定義階段出發，使參與者的思考形成具體。此即**「意向書」（LOI）或「了解備忘錄」（MOU）**發揮作用之處。交易之初，可以使用較籠統的措辭來討論，不過，為了讓各方都能弄清楚，你需要準備一張總結整樁交易的綱要，分發給與會者。意向書和了解備忘錄之間的實際差異很小，兩者都具有非拘束性質，希望達到理想的結果，是沒有律師參與的一份談判回顧。意向書通常用於概述尚未有太多討論過程的初期交易；當各方已就多項事宜達成共識時，則會以了解備忘錄的形式進行確認。意向書和了解備忘錄雖然名稱不同，目的卻是一致。兩者都應該簡短扼要地載明雙方的意向，以不超過兩頁為原則，其上並清楚指出它們並非簽名後將對任一方產生拘束性的法律文件。有鑑於此，它們讀起來也不應該像是由律師準備的文件。它們的語氣較不正式、篇幅較短、細節也較少，不似後來律師擬的合約。它們應以一般措辭和最少的說明來強調出交易的重點，就好像藝術家在油畫布上繪製的草圖那樣，只呈現出作品的輪廓，並未上色。藝術家把自己將會繪製的作品，和作品將會呈現的風貌，先素描完成，實際的細節則留待日後添加。

有助於激發思考

在準備意向書或了解備忘錄的過程中，你不但會專注於已建立共識的事項，也會注意尚未取得共識的事項。兩者同時扮演著過渡的談判進度報告的角色，因此在雙方心意尚未完全相通時，具有先將雙方的理解程度提升至一致的功能。

例如，假設你在意向書或了解備忘錄上寫了「購買此房地產的價格是兩百萬元」。但這筆交易的許多面向都尚未釐清：何時付款？要求多少頭期款？有無其他條件？畢竟，購買價格只是個起點。意向書和了解備忘錄刺激了雙方去深思已談判完成與尚待談判的各個事項。

強調尚未協商的條款

釐清條款是否尚未提出或已討論完畢，往往是一樣重要的。這些條款對雙方而言不一定顯而易見，也或許有某一方對共識的看法和另一方全然不同。你在準備意向書或了解備忘錄的過程中會發現尚待討論的有哪些細節。一旦你發現了這件事，就要準備一張待討論議題表，安排新的議程。

解決持續不斷的歧見

談判中斷往往是雙方出現歧見的原因。只要雙方繼續對話，浮現分歧立場的議題就能獲得解決。談判回合之間的間隔愈長，記憶模糊的可能性就愈高。意向書和了解備忘錄便能在談判停止時發揮橋梁的作用，為雙方指出已經或尚未建立共識的事項，以及相應的日期。

談判通常是由數百次的小談判所構成，我稱之為**「交易片段化」**。談判實際上是由一系列發生於不同時點、不同環境、由不同人參與的個別談判所組成的。最後，所有的個別談判都將融合成一筆交易。整樁交易的起點和終點難免時間間隔過久，雙方會因為小談判次數太多，而記不清楚彼此討論過什麼議題、何時討論、是否已找到最終解決方案等等，問題從而出現。意向書和了解備忘錄能總結雙方在多次小談判中達成的共識，同時展現雙方在朝向最終共識的路上已有多少進展。當你的手上握有良好的筆記，就能在任何時刻輕而易舉地概述談判進度。

誰控制文件？

擬定意向書或了解備忘錄時，請時時牢記：化思緒為文字會讓你擁有很大的威力。它定義了共識，並為另一方提供同意或不同意的機會；即使你沒有得到回應，你們對內容的默示同意仍能讓交易快速完成。

意向書和了解備忘錄有兩方面值得注意：

1. 文件控制是很重要的。每當你有起草文件的機會，就應該好好把握。所謂的文件泛指合約書、修補、租約，當然也包括任何的意向書或了解備忘錄。準備文件的人決定了內容包括些什麼、強調些什麼，以及遺漏些什麼。

你知道你想讓眾人注意什麼，你也明白哪些事情在本質上具有爭議，因此你選擇省去。對方讀到的是你放在意向書或了解備忘錄中的內容，他們必須自行找出你遺漏了什麼。大部分的人不僅筆記記得不好，無法及時追蹤溝通，還會被你的書面文字蒙蔽，認為你精確地總結了整樁交易。

2. 意向書和了解備忘錄有可能揭露隱藏的談判者。在談判中，你偶爾會感覺到和你說話的對象是在一套限制性指導方針之下作業，實際上不做最後的決定。送出一份非約束性意向書或了解備忘錄，並要求對方簽名接受之後，請注意送回來的意向書或備忘錄上簽的是誰的名字或姓名縮寫。

簽名的人可能是實際的決策者。如果文件上簽的是對方律師姓名或法律部門的縮寫，這代表它已經過法律人士的檢視了。如果簽名的是財務長，則表示它是從財務觀點被審查的。如果簽名者是你從沒見過的，例如對方公司的執行長，你就明白這位執行長才是操控對方談判的幕後人物。

請對方認可你所擬的意向書或了解備忘錄是一項有力的做法和重要的步驟。你需要知道它們必須得到誰的同意。一旦確認了談判範圍、搞清楚參與認可程序的人，對方負責簽字者往後就很難提出新的議題。

有關法律文件

意向書和了解備忘錄應被視為法律合同的初步草稿。如此一來，律師就無法枉顧它們所載的定義和敘述而自行撰寫合約，也能防止有人在最後一分鐘更動已經同意的事項。法律合約固然可以美化意向書或了解備忘錄上的措詞，卻不能更動內容，或另一方已經明白同意或暗示同意的事項。

創造道德承諾，增加投入時間

每一場談判都有無形、模糊的部分。意向書和了解備忘錄能為雙方釐清並定義重要但模糊的議題。當你起草時，可能會發現你在闡述觀點的過程中，心中也跟著豁然開朗。所以請別誤以為無形、模糊的事情就不重要。

道德承諾有時比法律承諾更重要

雖然意向書或了解備忘錄已言明是非拘束性的，實際上往往能創造一種道德承諾，雙方皆認為有義務予以實現。例如，它可能是一份要求誠實談判的同意書，而且甚至可能未言明。意向書或了解備忘錄可以將無形、模糊的事項變得有形而具體。

如果對方認同你在意向書或了解備忘錄上所寫的內容，並自覺做了道德承諾，日後就不會做出跟文件內容相牴觸的言行。當有人看見意向書或了解備忘錄並表示認可，他的這項行為便產生了效力。如果有人想反對，就必須採取特定的步驟和你討論他的反對意見。如果他不和你溝通，就等於給了你一個道德承諾；他的道德層次有多高，承諾的效果就有多大。

我常對人說，**道德承諾的價值比法律承諾更高。**重要主管或董事會認可的道德承諾，其拘束性甚至更高。意向書或了解備忘錄還有一項價值：它們讓你超越「我們應否成交？」此種疑惑的階段。當你在意向書或了解備忘錄上定義了交易的本質，就表明你相信雙方已就這樁交易建立了共識；對方將很容易認同，因為意向書或了解備忘錄已成了一張交易地圖。

時間的投入對談判者很重要

時間的投入——投入談判的時間——不但對雙方都很重要，還能使談判本身增值。意向書或了解備忘錄是增加時間投入的另一種方式。準備它們是要花時間的，對方也必須在收到之後花時間詳讀文件並討論交易。如果對方有意修改並送還給你，花費的時間還會增加，而你也一樣會花更多的時間檢視文件。於是，雙方都增加了投入談判的時間，便有更大的動機去完成交易。

喬治・羅斯說：文件、文件、文件！

1. 化思緒為文字，可以協助你釐清整個談判想要達成的重點。
2. 工作文件有三重功效：釐清議題、標示出重點，以及承諾。
3. 大型談判曠日費時，也可能中途換人談判，為了避免遺忘曾經討論過的議題及解決方案，開會前為大家準備好議程及備忘錄。
4. 備忘錄雖然不具備法律效力，但人們一旦看見自己曾同意某項結論，會認為對這項結論有道德義務，而不會輕易反悔。
5. 雙方於談判投入的時間愈多，愈容易促成交易。

16 實戰演練

有時，你可能會在交易中遇到與會者自認為只要擺出強硬立場即可主控結果，因而拒絕談判的情況，或也可能遇到交易因為關鍵角色缺席而歷經重重困難的情況。這些交易當然是可以完成的，你只是需要多付出一些韌性和創意。我就曾和卡茲廣告仲介公司（Katz Agency）進行過這類型的交易。**雖然此案和川普無關，卻齊備了所有川普式談判的特徵，向川普好好看齊吧**。我將於說明情節發展的同時標示出本書先前討論過的談判因素、術語和技術（以括弧黑體中文字表示），讓各位看看它們如何在一樁高風險的複雜談判中扮演各自的角色。

因為這樁交易非常戲劇化，我選擇以類似劇本的形式，分三幕呈現。（作者注：角色是真的，但樓地板面積和金額是虛構的。）

第一幕

背景

故事發生在一九九〇年代的紐約市。當時景氣每況愈下，企業紛紛擱置原訂的擴張計畫，此時，許多著名的建商卻仍無視眾人的懷疑眼光開工破土。儘管未獲得承租人的承諾，建商仍堅信租賃市場將於建案完成時恢復榮景。可惜事與願違，他們最後只落得空屋供給量過大但無人願意承租的結果。當時，專門將廣播電視時段銷售給廣告商的巨擘卡茲廣告仲介公司（現名為卡茲媒體企業）正在考慮一樁併購案，其空間需求可能將因此大幅增加至少五萬平方英尺。卡茲的總部設在第二大道上介於第四十七和四十八街之間的道格．哈瑪紹廣場一號，占地十五萬平方英尺，建物的樓地板面積為七十五萬平方英尺。乍看之下，我似乎列出了很多技術性細節，但各位將很快明白以上說明對於整個故事的重要性。

卡茲廣告仲介公司的空間約有半數來自於一份租約（我稱之為「好租約」），其他部分則是待需求發生時先後承租的，故其內容是由多份租約所規範（我稱之為「壞租約」）。好租約涵蓋的面積大約是七萬五千平方英尺，距離到期日約有三年的時間，租金是每平方英尺二十五美金，以當時標準來看很便宜。我的任務是針對好租約和壞租約進行談判，讓卡茲得到合併案所需的額外空間，同時善用房地產市場的這一波不景氣。

人物

一、喬治・羅斯（「羅斯」）：愛德華高登公司（ESG）顧問。ESG是紐約的一家房地產仲介公司，在業界聲譽卓著。羅斯是經驗豐富的談判高手暨房地產律師，受卡茲之聘，擔任本次交易的主談人。

二、賴瑞・魯本（「魯本」）：卡茲目前的房東，廣受敬重且精明的房地產開發商暨道格・哈瑪紹廣場一號的所有人。羅斯和魯本曾談成很多交易，相互敬重（**關係**）。羅斯知道魯本是火力全開的難纏高手（這是經驗證實的**實際知識**——並非**表面知識**）。魯本認為羅斯懂房地產生意，並具有避免談判破裂、完成交易的好名聲（**實際知識**）。

三、吉姆・格林沃德（「格林沃德」）：卡茲廣告仲介公司的大老闆，是羅斯老友（**關係**），也是羅斯擁有的貝克—羅斯傳播公司（Beck-Ross Communications Corp.）的股東，後者旗下有多家廣播電臺。

四、哈利・麥卡羅（「麥卡羅」）：廣受尊敬的精明開發商。一九八八年於紐約市西五十五街一二五號興建了一棟宏偉的辦公大樓。該大樓已於此次談判前一年竣工，卻仍處於閒置，麥卡羅因而陷入困境。羅斯和麥卡羅過去曾談成交易，兩人維持友好的工作關係（**建立信任**），他們知道對方有完成交易的好名聲（**實際知識**）。

第一場

地點：在檢視、分析好租約和壞租約之後（**取得擬定策略必要的關鍵資訊**），羅斯和格林沃德相約共進午餐（**創造友善的環境**）。

羅斯：「吉姆，把你要我替你辦的事情，詳細告訴我吧。」（**找到故事**）

吉姆：「喬治，我手上正在進行關係到兩千萬美金合併案的重要談判，事成之後，卡茲的市場地位將更穩固。我在道格一號的租約很糟，到期日和租金全一團亂。我想整合公司的整體運作，和魯本重談租約，希望能以負擔得起的租金滿足公司空間擴充的需求。你能幫我嗎？」

羅斯：「當然，吉姆。我和魯本很熟，我可以安排跟他碰面，先看看他的態度如何，再把情況告訴你。」

羅斯回到辦公室，利用POST技巧（參見第九章）準備和魯本的會面暨初次談判。

P = Persons（**人**）。魯本和羅斯將在魯本的辦公室會面。魯本或許會要他的兒子到場一起聽羅斯要說什麼。

O = Objectives（**目標**）。看看魯本是否有意願重擬好租約和壞租約，以及出租更多空間給卡茲。

S = Strategies（**策略**）。試圖說服魯本，當三年後好租約到期時，這個辦法能降低租賃市場的不確定性，而且因為卡茲租用更多空間，他將從中獲益。

T = Tactics（**戰術**）。告訴魯本，卡茲非常可能完全撤離魯本的大樓，轉而和閒置在曼哈頓西區的新大樓談交易（**應用恐慌理論**）。

羅斯列出清單，檢視將於會議中討論的各項事宜：

1. 魯本是否有多餘的五萬平方英尺空間可以租給卡茲？
2. 魯本對於卡茲這個承租人是否感到滿意？

3. 魯本重擬卡茲租約的意願有多高？

第二場

地點：數日後在魯本的辦公室裡。在場的是羅斯、賴瑞．魯本及他的兒子。

羅斯：「賴瑞，卡茲找我幫他們公司解決發生在你大樓裡的空間問題。他們想租用更多空間，但他們目前只有一份租約是符合現在這個疲弱不振的市況。」

魯本：「喬治，卡茲是很好的承租人，租金都準時照付，我有興趣和他們簽新約，把更多空間租出去。我也願意討論好租約，但壞租約我不想碰。我喜歡高租金和前後不一的到期日。這是我的立場。」（**要不要隨便你**）「你知道的，只要我願意，我的出價可以低於你在其他地方談成的交易，所以，跟我打交道才是上策。」

羅斯：「那麼我會去找曼哈頓西區的閒置新大樓，樓主可是迫切希望找到像卡茲這種承租人呢。看看你能不能出更低的價格吧。」（**應用恐慌理論**）

魯本：「算了吧，喬治。你我都知道新大樓的租金必須高到能讓受抵押人滿意。你也知道卡茲在我的大樓裡還剩下好幾百萬美金的承租義務。只要建商神志清醒，就不可能承受這種義務。卡茲唯一的希望是和我成交。你跟其他人談的交易不可能比跟我更好，更何況卡茲還可以省下搬遷、重新裝修以及金額未知的其他費用。牌都在我手上（**威嚇**）。等你想出合理的提案之後，再回來找我吧，屆時我會好好考慮的。」

第三場

地點：吉姆．格林沃德的辦公室。在場的是羅斯和格林沃德。

羅斯：「吉姆，我和魯本見面談過了。不論我方和他之間談成任何交易，其結果都很難令我方接受，因為他知道只要他願意，他的出價可以低於你在任何其他地方談成的交易。我已經檢視過租約了，我發現卡茲承租的很多空間都有高租約和長租期方面的大問題。」

格林沃德：「我們能怎麼做？」

羅斯：「我有個想法。哈利．麥卡羅在五十五街上有一棟閒置的新大樓，他說不定願意和卡茲成交。我跟麥卡羅的關係很好，我想提出一樁替代交易，讓魯本做出讓步。」（**隨時備妥B計畫**）

格林沃德：「那好。你就看著辦吧。」

第四場

地點：羅斯的辦公室，他正在為即將和麥卡羅進行的會面準備檢查清單。

清單內容大致如下：

1. 麥卡羅位於西五十五街一二五號的大樓是否有至少二十萬平方英尺的閒置空間？先假設答案是肯定的，但是要和麥卡羅確認。
2. 麥卡羅希望以多少租金出租閒置空間？在免收租金和承租人裝修補貼等方面能做出多少讓步？他願意談怎樣的租約條件？有無其他選擇？問麥卡羅這些問題，同時查查ESG的資料庫（**假設對方提供了準確的資訊，但仍需親自確認**）。
3. 麥卡羅大樓借款的抵押品為誰所有（**有無隱藏的談判者**）？
4. 麥卡羅的財務狀況如何？先假設狀況良好，但仍需親自確認。

與麥卡羅碰面的POST計畫：

P＝Persons（人）。羅斯、麥卡羅、一位麥卡羅公司成員。問清楚對方的姓名和功能。

O＝Objectives（目標）。看看麥卡羅能否提供卡茲所需的空間。若答案為是，那麼他願意在什麼條件下成交？（**界定不確定區——找出雙方各自的談判起點**）

S＝Strategies（策略）。向麥卡羅表示卡茲的財務狀況穩健，是大樓的理想承租人。告訴他，我已得到卡茲的授權，可以快速成交。

T＝Tactics（戰術）。帶一份卡茲公司簡介：一八八六年創社，是歷史最悠久的廣告代理商，業績在紐約獨占鰲頭。如有清算淨值的需要，就要準備卡茲的財務報表。

羅斯去電麥卡羅，安排會面事宜。

第二幕

第一場

地點：麥卡羅的辦公室。在場的是麥卡羅、羅斯與麥卡羅的財務長。

羅斯：「嗨，哈利。真高興再見到你（**創造友善的環境**）。我今天是來為西五十五街一二五號介紹一位一流的承租人。你有十七萬五千平方英尺的閒置空間嗎？」

麥卡羅：「我有沒有十七萬五千平方英尺的閒置空間？真該死，我這棟大樓共有五十五萬平方英尺，全部閒置！你有什麼想法？」

羅斯：「我代表卡茲廣告仲介公司。該公司目前在道格一號租用了十五萬平方英尺的空間。雖然卡茲還綁著很多租約，但若我能替他們談到一筆好交易，就能說服他們搬到西五十五街一二五號來。你要收多少租金？還可以免收多少租金？可以給承租人相當於多少價值的裝修補貼？」

麥卡羅：「低樓層我希望從每平方英尺三十四美金起跳，樓層愈高，租金就愈高。我要求每五年增加五美金，租期至少十年。我會免收四個月的租金，並在合約上附加說明給承租人每平方英尺三十美金的裝修補貼。（**現在羅斯已經找到了不確定區的界限**）但是，如果你把合適的承租人介紹給我，我們可以再好好談。（**自願透露有用的資訊**）」

羅斯：「好的，哈利，我知道了。我先回去計算一下，再跟你聯絡。」

羅斯回到自己的辦公室，請會計部門（**善用專業人士**）估算若卡茲接受麥卡羅的提案將會付出多少成本。羅斯已確認B計畫的界限，於是他再次安排和魯本會面。

第二場

地點：魯本的辦公室。在場的是魯本、魯本的兒子，以及羅斯。

羅斯：「賴瑞，我想過你對我說的話，的確，只要你願意，你可以給卡茲廣告仲介公司優於其他人的條件。卡茲需要十七萬五千平方英尺，租期為十年。你願意開什麼樣的條件？」

魯本：「我是這麼打算的。我要卡茲把七萬五千平方英尺的便宜租金立刻提高到每平方英尺三十六美金。之後每五年，每平方英尺便漲四美金。我不補貼裝修費用，在租金方面也不會讓步。（**現在羅斯已經找到了另一個不確定區的界限**）回去告訴卡茲這就是我開的條件。」

羅斯：「我會和卡茲討論之後再跟你聯絡。」

羅斯回到他的辦公室，比較魯本的提案和麥卡羅的提案。

第三場

地點：羅斯的辦公室。在場的是羅斯和ESG負責財務的約翰．威廉斯。

羅斯：「約翰，我要你跑一遍A計畫（魯本計畫）和B計畫（麥卡羅計畫）的數字，你照做了嗎？」

約翰：「是的，這是比較表。」

羅斯：「照這麼看來，如果我們能消去分租現有空間的損失，麥卡羅的提案會比魯本少了四百八十五萬五千美金。是這樣嗎？」

約翰：「是的，另外，我預設卡茲在這兩棟大樓有相同的稅金和營運費用增加額。」

羅斯：「謝謝你，約翰。我會把這項資訊轉告卡茲廣告仲介公司。」

羅斯安排和格林沃德會面。

第四場

地點：卡茲廣告仲介公司的格林沃德辦公室。在場的是羅斯、格林沃德與卡茲的財務長（瓊斯）。

羅斯：「我們把兩個提案的初步數字跑過了，雖然看起來幾乎一樣，不過有幾件事讓我擔心。如果我們選擇麥卡羅，你可能要支付高達四百萬的費用給魯本，因為按照租約，無論你是否使用魯本大樓的空間，租金都得照付。還有，我也不確定扣除麥卡羅的補貼之後，卡茲還要在麥卡羅大樓花多少裝修費用。這可能是一筆不小的支出。既然你不應該同時付兩棟大樓的租金，我必須讓麥卡羅保證他會支付你欠道格廣場一號的剩餘租金。最後，我想任何交易都必須得到受抵押人的同意，但是我還沒開始深入討價還價，因此我還不知道受抵押人會否同意我的最後提案。我想請貴公司的專業人士把這份涵蓋所有費用的估算表再核算一次。」

格林沃德：「瓊斯，這部分請你幫忙處理。」

羅斯對格林沃德說：「如果你想接受麥卡羅的提案，有一些無形的事物是必須考慮的。它們很難用金錢衡量，但應該在你做最終決定時扮演一定的角色。麥卡羅大樓的每一層樓有三萬平方英尺，魯本大樓只有一萬七千平方英尺。樓面積愈大，表示樓層間的往返愈少、運作效率也愈高。公司需要的影印機、傳真機、茶水間與接待櫃檯比較少，就可以大幅降低運作成本。麥卡羅大樓的地點比魯本的好，不但離市中心和運輸系統近，所屬的地段也更優。你可以設計出符合公司需要的新空間，而不是更新已有十五年歷史的老空間。在訂定長期合約時，價格不該是唯一考量（**錯的東西沒有對的價格**）。請你考慮考慮，再告訴我你想要怎麼進行這件事。」

在接下來的幾個月裡，羅斯跟魯本、麥卡羅以及卡茲的人員（**投入時間原則**）見了幾次面，另外也取得成本估算，進行財務規劃，並諮詢了空間設計師和建築師（**善用專業人士**）的意見。羅斯無法說服魯本更改他的要求。麥卡羅非常迫切想成交，但在討論到需要他付出現金時，卻猶豫了起來。卡茲廣告仲介公司召開了經營委員會（**找到決策者**）討論如何決定此事。格林沃德邀請羅斯與會說明。

最後一幕

第一場

地點：開完熱烈的委員會會議之後，羅斯和格林沃德在後者的辦公室裡。

格林沃德：「喬治，你聽到他們說的話了。委員們反對為了解決未來三年可能會發生的空間問題而支出現金。他們對這樁將花費公司一千兩百萬美金的合併案很熱中，而這筆錢我們得向銀行借。他們擔心如果我們做了大筆支出，銀行會不願意貸款給我們。我贊成他們的看法。

「除非你能變出帽子戲法，不然我們就乖乖和魯本談判合併案所需要的額外空間吧。如果我們無法和他成交，公司可以在兩個地點運作。沒辦法好好利用市場機會我真的很遺憾，可是，除非你能提出可行的替代方案，否則我們只好以後再合作了。我會為你付出的時間和努力給予報酬的。」

羅斯：「你說的話我聽得很明白，不過我還是認為我可以打亂魯本的如意算盤，讓他開出更公平的條件。我想把麥卡羅當作槓桿。魯本的提案如果合情合理，我們當然應該跟他做生意，這是毫無疑問的。但我有機會和麥卡羅談成委員會願意通過的交易——就算他們不同意，我也可以把它當作讓魯本降低姿態的籌碼。你允許我試試看嗎？」

格林沃德：「那你就放手去做吧。祝好運囉，你需要好運的。」

第二場

地點：羅斯回到他的辦公室構思計畫，希望說服麥卡羅以符合卡茲委員會設定之諸多限制的方式和他成交（**必要的預先計畫**）。在安排和麥卡羅會面之前，羅斯準備了一張重要問題表（**在開會之前排定待議事項**）：

1. 我要怎麼說服麥卡羅，讓他願意預付卡茲因搬遷至麥卡羅大樓所需之所有費用？答案：提高租金，日後付還給他。
2. 我要怎麼說服麥卡羅，讓他承接卡茲在魯本那裡所剩的租約義務？答案：量化租約義務，納入租金。
3. 對於麥卡羅是否履行其財務義務這件事，我有多少把握？答案：堅持麥卡羅必須先支付數百萬美金，將之視為雙方成交的先決條件。
4. 有人告訴我，某大型法律事務所曾經考慮租用麥卡羅大樓的大坪數空間，後來卻沒繼續談下去。為什麼？答案：問麥卡羅或該法律事務所的頭頭，或兩方都問。
5. 我打算向麥卡羅要求低租金和高額的財務讓步，我知道這需要得到受抵押人的同意。我如何說服他們同意這筆交易？答案：讓他們相信在承租人難找的這個時局，租金差強人意的大樓總強過無人使用的閒置大樓。

6. 麥卡羅知道我想和魯本成交嗎？答案：假設他知道，但仍然設法同時和兩邊進行談判。

7. 我要怎麼編寫這場談判的劇本？答案：辦不到。有太多變數了。只能到時候再看著辦。

8. 如果魯本得知我正在和麥卡羅打交道，我該怎麼辦？答案：告訴他，我是因為他不合理的要求才這麼做。如果他願意提出合情合理的方案，我會跟他成交。

針對麥卡羅可能提出的問題，羅斯謹慎地一一構思答案。接著，他安排和麥卡羅會面。羅斯告訴他，卡茲廣告仲介公司已經做好成交的準備了。在羅斯看來，雖然這筆交易非常不尋常，但或許他能說服原本不喜歡這個提案的麥卡羅，讓他改變心意，從正面的角度來接受提案。（**目標設得高、結果會更好**）

第三場

地點：麥卡羅的辦公室。在場的是羅斯、麥卡羅、麥卡羅的財務長與律師。

羅斯對麥卡羅說：「哈利，我已經讓卡茲廣告仲介公司認真考慮租用你的大樓了，但你必須先支付數百萬美金才行。」

麥卡羅：「喬治，老實跟你說吧，因為這棟大樓閒置太久了，我到現在連一次貸款都還沒還。如果貸方想的話，他們大可以取消抵押品的贖回，直接接手我的大樓。貸方同意給我一次機會，讓我找到他們能夠認可的交易，以拯救我的投資。」（**羅斯剛剛發現了隱藏的決策者**）「卡茲這筆交易所需的任何金錢，都必須來自於貸方。我可以跟你談，並向貸方推薦，但我能做的就這麼多了。」

羅斯：「我跟你大致說明一下卡茲願意接受的條件，請你仔細聽。希望我們能同心協力，找出受抵押人能接受的方式。卡茲想要的基本條件是這樣的，我先從壞消息開始說：

1. 卡茲願意在免除魯本租約之財務義務的條件下和你成交。你必須承接卡茲在租約中的財務義務。也就是你必須考慮經由轉租所節省的金額或能否讓魯本棄權，並計算卡茲承受的風險相當於多少金額。接著，你必須同意在到期日支付這筆金額，再經由提高租金的方式得到補償。
2. 根據卡茲建築師的估算，在你的大樓進行裝修的費用，將比你的標準高出八百七十五萬美元。你必須支付這筆多出來的費用，不過一樣可以再透過提高租金的方式得到補償。

3.按照現在的市況，每平方英尺的基本租金應該比你所要求的數字低十美金。

4.卡茲的合併案需要一千兩百萬美金才能完成，該公司打算向你借錢，再於租約期間償付利息。

接下來是好消息：

1.卡茲是家財務穩健的企業，自一八八六年創設以來一直在業界有突出的表現。該公司有絕佳的信用。

2.卡茲願意租用低樓層十五年，也就是你最難出租的樓層。如此一來，你就可以把高樓層租給那家法律事務所。現在市況這麼不景氣，只要談成了這兩筆租約，這棟大樓就差不多百分之百出租了。

3.如果我告訴你可以成交，就會在一週內跟你完成交易，減少你損失的時間。

4.利用我和你方受抵押人的關係（**建立關係的重要性**），我想我們可以一起說服他們，讓他們相信在不景氣不知道還要持續多久的市場裡，提高所需的貸款金額並擁有一棟百分之百出租的大樓，要比貸款金額較低但大樓閒置的情況好得多了。」

麥卡羅的律師：「魯本不可能同意轉讓或取消魯本大樓的租約。麥卡羅又怎麼可能因為轉租空間而得到好處？」

羅斯：「卡茲廣告仲介公司和麥卡羅可以簽訂一份接收合約書，載明由麥卡羅負責卡茲在魯本租約中應盡的繳租義務。麥卡羅轉租魯本空間的任何要求，卡茲都會點頭。接收合約書會以保護麥卡羅和卡茲雙方、不讓任一方因對方不履約而受到傷害的方式訂定。」

麥卡羅對羅斯說：「我生平聽說過的交易很多，就屬這一筆最怪。」

羅斯對麥卡羅說：「我知道這筆交易很不尋常，但我不認為它很奇怪。你有什麼選擇呢？難道你要眼睜睜看著大樓繼續閒置，最後被受抵押人沒收？」

麥卡羅對他的律師說：「喬治說的有理。你把文件擬一擬，我們看看這筆交易談不談得成。」

麥卡羅對羅斯說：「我需要你幫我一件事。如果我把這些非常困難的問題都解決了，也同意跟卡茲交易了，你要向我保證你不會回頭去找魯本、跟他成交。」

羅斯：「只要文件進行到我覺得可以接受，而我們雙方也成交了，那麼我會停止和魯本交易。不過，在那之前，我仍認為自己有和魯本談判的自由。」（**創造快速行動的**

動機）

羅斯和卡茲的代表們花了三週密集的時間談判文件。文件的內容包括羅斯所設的條件以及麥卡羅口頭承諾的條件。當交易進展到羅斯認為會成交的階段，他安排和魯本再次會面。

第四場

地點：魯本的辦公室。在場的是羅斯、魯本與魯本的兒子。

羅斯：「賴瑞，你到現在都一直不願意對你先前暫定的談判立場做任何退讓。基於禮貌（**維持關係**），我今天是來再給你一次改變心意的機會，否則你將會失去卡茲這個承租人。」

羅斯告訴魯本，麥卡羅為了跟卡茲成交而願意接受的條件。

魯本對羅斯說：「我不相信麥卡羅說話算話，他得要有錢才能履行承諾。」

羅斯：「賴瑞，你我認識不是一天兩天了。如果我說能成交，就是能成交。如果你

不相信的話，那就繼續堅持你的立場好了，我們等著看吧。」（**要不要隨便你**）

魯本對羅斯說：「我不管你怎麼說，反正你們是不可能跟麥卡羅成交的。」

羅斯離開了魯本的辦公室，打電話給麥卡羅說：「哈利，如果你已經做好成交的準備，那麼我和魯本就沒什麼好談了。」

麥卡羅的受抵押人確認並同意了麥卡羅和卡茲之間的交易。羅斯請格林沃德召開卡茲廣告仲介公司的管理委員會，以通過和麥卡羅之間的這筆交易。格林沃德開了會，羅斯於會中說明和麥卡羅交易的各項好處：

1. 卡茲得到完成合併案所需的一千兩百萬美金，再依據跟麥卡羅簽訂的租約以繳租方式償還。
2. 卡茲得到全新、優質的市中心辦公大樓。
3. 卡茲將免於蒙受衍生自魯本租約的風險。
4. 麥卡羅大樓的樓面積較大，不但能提高公司的效率，每年還能降低一百萬美金的營運費用。

卡茲委員會通過了和麥卡羅的交易。不過，魯本在卡茲委員會所安排的一名間諜得知這件事。魯本致電羅斯。

魯本：「喬治，我願意出比麥卡羅更好的條件。我們見個面，談一談吧。」

羅斯對魯本說：「賴瑞，我給過你機會，但是你認為我做不到我說的事。現在木已成舟，你已經是局外人了。很抱歉，我已經答應麥卡羅，一旦他確認成交，我跟你的談判就結束了。（**遵守承諾**）或許下一次你就不會懷疑我對你說的話了。」

全劇終

17 進階談判高手

向川普學談判的一貫主題是：找出雙方都能滿意的方式，打造讓每個人在離開談判桌後有贏家感覺的交易。我在一九六〇年代替葛德曼和迪羅倫佐工作時，就曾奇異地經歷一次這種談判方式。某天，一位衣冠不整的年長仲介人士進到公司的辦公室，交給我一份布魯克林高地某公寓建築的資料。四十年前興建後便一直持有該公寓的家族希望賣掉公寓，他們開的價格是八十六萬美金。我不清楚葛德曼是否感興趣，不過還是把這份資料拿給他看。葛德曼對這個案子的標的瞭若指掌，多年前曾出價要買，但沒成功。他向我表示高度的購買意願，而當我告知對方的要價時，過低的價格讓他感到非常驚訝，並要我跟仲介問清楚這份資料有誰看過。於是我再次找那位仲介談，得知我們是他唯一找過的房地產投資人，因為我們是布魯克林地區房地產業知名的龍頭買主。

我將情況轉告葛德曼，他說：「喬治，如果市場上得知這筆交易，就會發生出價大戰。我們得避免價格戰發生，所以動作要快。告訴那位仲介我會用一百萬買這棟公寓。」我說：「索爾，他們只要價八十六萬，我要怎麼合理解釋這一百萬？」他對我說：「喂，你是律師，你自己想吧。」

我回去跟人還在我辦公室的仲介說：「我的客戶喜歡這棟公寓，不過有個大問題。你開價太低了。」對方的仲介搞不清楚我在說什麼，回答：「我知道他們要價八十六萬美金，不過我想他們可以賣到八十萬美金。」「我說的話你沒在聽，」我對他說：「你們的要價太低了，如果你把價格提高到一百萬美金，我們就成交。只要拿寫上正確金額的合約書來，我就給你十萬美金的支票當作頭期款，我們三十天內就可以成交了。」一頭霧水的仲介問：「能用八十六萬買到的東西，為什麼會有人願意付一百萬？」我想到了一個合理解釋，於是回答：「我的客戶是特立獨行的百萬富豪，他不買任何低於一百萬的東西。他的作風就是如此。我已經告訴過你了，只要你拿一份寫著一百萬美金的合約給我，客戶已經授權讓我在合約上簽名並付頭期款給你。」

仲介飛也似地離開我的辦公室，隔天就拿了一份合約書來。我簽了字，付了十萬美金的訂金給他。精采之處在於，葛德曼已經在權利移轉完成之前，利用這筆房地產向銀行拿到一百四十萬美金的無追索權一胎房貸——銀行認為它至少值這個錢。葛德曼用自己的錢買下該房產的所有權，我在幾個月之後和銀行完成了貸款交易，但並未將賣方最初的要價告知對方。葛德曼以支付高於要價的方式，迅速確實地取得了房產。他的直覺讓他相信自己確實知道這筆房地產的真實價值。他果然沒看走眼，還完成了很棒的交易。

如果你以非贏即輸的想法進行談判，這樣的談判就不是川普式談判。你的目標不是盡可能壓榨對方，而是創造一樁皆大歡喜的交易，讓雙方得到的比願意接受的更多，並且在離開談判桌後都有「我是贏家」的感覺。無論何時，只要你能創造出這種感覺，你就是在實踐川普式談判。

技巧、創意與表演技巧可以化敵為友，條件是你要讓談判對手知道兩造能怎麼談成讓彼此接受的交易。皆大歡喜的結果才是最好的結果。

解釋川普式談判如何運作的最後一個步驟，是總結六項最重要的成交技術。只要能將這些基礎技術運用自如，就能提高完成皆大歡喜交易的成功率：

1. 維持優異的記錄習慣。請牢記我先前說過的話：準備愈充分，贏得談判的機會就愈大。你在談判過程中所寫的筆記可以防止對方日後提出新議題或自相矛盾。如果你能隨時回顧某次特定的討論，包括日期以及雙方在那天說過的話，那麼你的主張將很有說服力。

2.盡可能開發自製表格並利用合理化煙幕。準備文件的人決定了文件上寫些什麼、遺漏什麼，這是自明之理。合理化煙幕是這樣使用的：你一邊拿出需要對方簽名的文件，一邊說：「這是我之前和通用汽車公司進行類似交易時所用的表格，如果他們能接受，那麼你這邊也應該沒問題才對。」藉此來增加該文件的可信度。合約書、申請函、同意書或其他文件的存在，本身就能給人一種合理的感覺，只要它們存在，人們就會想相信上面的書面文字。

3.若情況允許，請將公司政策當作談判工具使用。如果你在談判中代表某家公司，那麼只要你在提出主張時說「這是公司政策」，就能讓許多爭論告終。不知怎的，人們總是將公司政策看作上帝的命令。對方很可能會明白，試圖改變公司政策這麼欠缺彈性的東西是毫無意義的。他們很少會查問公司到底有無這項政策，或這項公司政策是否如你所言的不容變更。

4.有意願承擔適當的風險。請拿出積極進取的態度。在未事先評估風險和報酬的情況下去冒險是不智的；但是，只要你有承擔結果的意願和能力，那麼經過計算的適當風險是值得承擔的。譬如說，如果某人想要延遲談判的最後階段，而你算出對方將承受比你更大的損失，你就可以離開談判桌。你可能值得冒這樣的險對他說：「我最多只能開給你這樣的條件了。要不要隨便你。」成功的談判者願意承擔適當的風險。假設我向你提議：「這枚硬幣我已經丟了四十九次了，每次的結果都是人頭朝上。我現在願意用一百比一的機率跟你打賭，第五十次丟這枚硬幣的結果還是人頭朝上。」其實你知道機率各是五成，所以你願意把握這次機會，對吧？接著我們把情節稍微改動一下：假設你的畢生積蓄是二十萬元。我對你說：「我用兩千萬元跟你的二十萬元對賭，這次丟硬幣的結果是人頭朝上。」機率沒有改變，但風險不同了。失去一切的可能性在突然之間變得很真實。你開始想：「倒楣的話，人頭會再次朝上，那我就玩完了。」就算這個賭注的風險是合理的，你仍然拒絕參與。任何有冒險勇氣的談判者都比怯懦的談判者更具優勢。

5. 將時間當作談判的終極武器來使用。時間因素在每次談判的不同發展階段都扮演著一定的角色。只要你不是在使自己受限的期限下作業，就可以利用時間當作控制談判的武器。當你得知對方必須在一定的時間和地點完成談判，請你要等到最後的最後再認真談判，因為屆時對方將處於最脆弱的狀態，很容易接受你的提案。你也可以有效運用延遲作為拖長議程的方法，或是讓對方因為厭倦等待而回心轉意，最後終於同意你的提案。期限、延遲與僵局都是和時間有關的談判方法。你要懂得在適當的時機使用這些方法來強化談判威力，同時盡量不讓對方有機會把時間當作武器來對付你。

6. 做出並利用一般性承諾以贏得讓步。你可以向對方做出一般性的承諾來取得優勢。譬如，你可以說：「我答應我會在達成共識之前完成這件事情。」這是保證不離開談判桌的一個道德承諾。打算做出這種承諾的你，應該期望對等的相互關係。請牢記，你可以因應情況需要而選擇不履行道德承諾，但若不履行承諾的人是對方，你可以提醒對方曾經同意過什麼事，讓他們繼續和你談判。

＊＊＊

所謂的談判，是持續運用多樣化的方式去溝通想法，以達成有利的結果。有些人能有效地促進談判，有些人則不具備這項能力。有些人把手上的牌緊壓在胸前，謹慎控制自己的言行，或運用言行給對方留下好印象。笨拙的談判者在拿到好牌或壞牌時會經由言語、文字或行動發出訊號，讓明眼人識破。另一方面，談判高手雖很容易打交道，但他們想要的東西總是能夠到手。

你對談判技巧和戰術的體認，是談判能否成功的關鍵。你當然不想處於劣勢；但若身處劣勢，請想辦法延遲談判進展，直到你找到能擬出計畫、反轉情勢的機會為止。在本書中，我為各位提供了一系列值得善用的策略、戰術與技巧。所有學習川普式談判的人，最終都能將這些技巧運用在自己的談判中。我從沒說過川普談判學很容易，但隨著時間過去，對於哪些做法可行、哪些不可行，你將有自己的一套看法。

在任何情境、產業或組織中，有效談判的能力都是值得花費時間和金錢的。你將發現，有效談判的威力將延伸出職場，進入你的個人生活當中。只要能洞悉人們說話時的真正想法，跟銷售員、朋友、配偶和孩子打交道時就能更輕鬆自在。你將有能力成為高效率的銷售員，因為談判高手就是行銷大師。只要具備洞悉人性中常見錯誤的能力，那麼無論談判的層次為何，你都會有更亮眼的表現。

人們總是不斷在談判。談判從未停止。請把以下這句話視為川普談判學最重要的元素，時時牢記在心：只有在跟相關人士建立信任與和諧關係的前提下，才能達到皆大歡喜的結果，完成最大、最棒的交易。

高寶書版集團
gobooks.com.tw

RI 396
向川普學談判：談判不是你輸我贏，而是要共贏！
Trump-Style Negotiation: Powerful Strategies and Tactics for Mastering Every Deal

作　　者　喬治・羅斯（George H. Ross）
譯　　者　卞娜娜
編　　輯　林子鈺
封面設計　林政嘉
內頁排版　趙小芳、賴姵均
企　　劃　陳玟璇
版　　權　張莎凌、劉昱昕

發 行 人　朱凱蕾
出　　版　英屬維京群島商高寶國際有限公司台灣分公司
　　　　　Global Group Holdings, Ltd.
地　　址　台北市內湖區洲子街 88 號 3 樓
網　　址　gobooks.com.tw
電　　話　（02）27992788
電　　郵　readers@gobooks.com.tw（讀者服務部）
傳　　真　出版部（02）27990909　行銷部（02）27993088
郵政劃撥　19394552
戶　　名　英屬維京群島商高寶國際有限公司台灣分公司
發　　行　英屬維京群島商高寶國際有限公司台灣分公司
法律顧問　永然聯合法律事務所
初版日期　2015 年 09 月
二版日期　2025 年 01 月

國家圖書館出版品預行編目（CIP）資料

向川普學談判：談判不是你輸我贏，而是要共贏！/ 喬治 . 羅斯 (George H. Ross) 著；卞娜娜譯 . -- 二版 . -- 臺北市：英屬維京群島商高寶國際有限公司臺灣分公司 , 2025.01
面；　公分 .--（致富館；RI 396）

譯自：Trump-style negotiation : powerful strategies and tactics for mastering every deal

ISBN 978-626-402-149-4(平裝)
1.CST: 商業談判

490.17　　113018829